哈洛新知
Hello Knowledge

知识就是力量

30秒探索
气候的力量

30秒探索

气候的力量

50个显著特征、测量方法与现象

30秒解析

主编

乔安娜·D.黑格

前言

苏珊·所罗门

参编

克莱尔·阿舍

本·布里顿

马特·科林斯

休·科

谢里登·菲尤

布赖恩·芬利森

阿莉莎·吉尔伯特

希瑟·格雷文

休·格里姆蒙德

乔安娜·D.黑格

埃德·霍金斯

埃莉·海伍德

布赖恩·劳伦斯

约翰·马香

肖恩·马歇尔

约翰·谢泼德

基思·夏因

蒂姆·伍林斯

插图绘制

尼基·阿克兰-斯诺

审校

黄刚

翻译

王绍祥

華中科技大學出版社

http://press.hust.edu.cn

中国·武汉

湖北省版权局著作权合同登记　图字：17-2022-007 号

图书在版编目（CIP）数据

30 秒探索气候的力量 /（英）乔安娜 • D. 黑格（Joanna D. Haigh）主编；王绍祥译；黄刚审校 . —武汉：华中科技大学出版社，2023. 2
（未来科学家）
ISBN 978-7-5680-8611-0

Ⅰ. ① 3… Ⅱ. ①乔… ②王… ③黄… Ⅲ. ①气候学 - 普及读物 Ⅳ. ① P46-49

中国版本图书馆 CIP 数据核字（2022）第 155437 号

30 秒探索气候的力量
30 Miao Tansuo Qihou de Liliang

[英] 乔安娜 • D. 黑格 / 主编
王绍祥 / 译
黄　刚 / 审校

策划编辑：杨玉斌
责任编辑：陈　露　　装帧设计：陈　露
责任校对：王亚钦　　责任监印：朱　玢

出版发行：华中科技大学出版社（中国 • 武汉）　电话：（027）81321913
武汉市东湖新技术开发区华工科技园　邮编：430223

录　排：华中科技大学惠友文印中心
印　刷：中华商务联合印刷（广东）有限公司
开　本：787 mm × 960 mm　1/16
印　张：10
字　数：160 千字
版　次：2023 年 2 月第 1 版第 1 次印刷
定　价：88.00 元

本书若有印装质量问题，请向出版社营销中心调换
全国免费服务热线：400-6679-118　竭诚为您服务

目录

前言

苏珊·所罗门

从南极的广袤冰雪之地到炙热干旱的撒哈拉沙漠，我们的星球是一个具有丰富气候类型的家园。本书引人入胜，它对我们这个奇妙世界中为什么会存在这种或那种令人叹为观止的气候现象做了简要概述：它们是如何形成的？未来会有哪些变化？很大程度上取决于人类的选择。气候特征取决于特定因素（如海洋、生物圈、冰、大气、云、纬度、地形以及太阳）之间的相互作用。长期以来，科学家一直致力于解读这些现象及其中的关系，而且相关研究还在不断深入。从地面气象站、地面遥感、探空气球和火箭以及现代卫星获得的更大时间尺度的数据记录，能帮助我们了解气候、认识气候变化，辨识人类在这些变化中所起的作用。

我们需要在全球范围内定期收集气压、温度、风和其他气象变量，以记录气候。

全球气候变暖是一个不争的事实。人类活动已经并将继续影响全球气候，具体表现为：大面积冰川融化、海平面上升、食物和水存在断供危险以及热浪事件频发。自远古时期以来，气候和空气中二氧化碳的含量一直都在发生变化，如果我们继续“我行我素”，预计21世纪空气中二氧化碳的增加速度之快会使过往的一切变化均“相形见绌”。无力适应气候变化将成为一种普遍现象。

要缓解人为因素造成的气候变化，能源系统就必须发生翻天覆地的变化。应对气候变化是人类社会有史以来面对的最大的挑战之一——甚至堪称最大的挑战，因为它不仅涉及物理科学、生物科学，还涉及公共意识、工程、政策、社会科学等。我们所要面对的问题包括可再生能源的开发与分配、核电和地质工程的潜力与风险、碳捕集与封存的可行性、能源传输与存储系统创新等。

本书成功地将所有这些内容浓缩成50个关键气候概念，用深入浅出的语言加以表述。对自然和人类在其中的作用感兴趣的读者，都应该读一读本书。

气候学家努力去理解并阐释地球与大气之间复杂的物理、化学和生物关系。

引言

乔安娜·D.黑格

气候是地球的基本生命维持系统。一旦失去大气圈的温暖呵护，地表便会变成寒冷、恶劣的环境；一旦没有了水，例如海洋蒸发的水分和随风而至的水分，地球上的一派生机就无从谈起。完整的气候系统包括大气圈、海洋、陆地、冰冻圈、生物圈以及各要素间的相互联系。所有这些组成部分都会因时空变化而变化，小变化有之，大变化亦有之，结果就形成了极其复杂的气候系统。自从地球形成以来，气候在历经演变之后，进入了我们当前生活中的相对稳定的状态：地表上的不同区域被赋予了不同的气候类型，温度、降水和季节性各具特色，与之相关的动植物也各不相同。

认识气候形成原理不仅极具挑战性，而且其乐无穷。有些方面，如大气环流的主要特点、云卷云舒、太阳辐射，数十年来早已为人们所熟知，但有些方面，如厄尔尼诺现象的周期，生物地球化学循环与陆地生态系统、海洋与冰盖，它们之间究竟是什么关系，我们仍一知半解，有待探索。

气候千变万化，一是因为其系统内在的复杂性，二是因为气候要应对外部驱动力（如火山喷发或太阳辐射的变化）并做出反应。现在，我们最关心的是：气候是如何在人类活动的影响下，以前所未有的速度发生着变化？这些人类活动包括农业实践和工业排放，其中最显著的是“温室气体”的排放，即以化石燃料为主的燃料在燃烧之后，将二氧化碳源源不断地排入大气圈。是否有一种途径既可实现全球经济去碳化，又能为全人类提供一种可持续的、体面的生活方式呢？或许这就是人类目前所面临的最大挑战。

《30秒探索气候的力量》从多种角度审视气候：气候是什么？它是如何工作的？如何观测气候？未来气候会发生什么样的变化？全书共分为七个部分，从七个不同的角度展开陈述。第一部分扼要分析了**地球气候系统**的组成部分，介绍了大气环流和海洋环流，回答了这二者是如何相互作用的，全球人类体验到的各种各样的气候又是如何产生的。**加热与冷却**讨论的是太阳辐射是如何被吸收的，是如何给大气圈和地球表面加热的，这一热能又是如何被温室气体困在气候系统里，从而起到保暖作用的。在关于**水**的部分，我们重点阐释了水循环在气候中所起到的关键作用以及水的重大贡献。这里所说的水包括存在于云、海、陆中的固态冰，存在于云、江、河、湖、海中的液态水，以及大气圈中的水蒸气。**生命与生物地球化学循环**探讨的是地球上的生命如何随着气候的变化而变化，以及这两个系统是如何通过碳循环紧密联系在一起的。同时，我们也会将小气候（包括城镇和森林之中的小气候）放入具体语境之中加以考虑。

要科学认识气候系统就要收集大量的观测数据并对其做出阐释，这是**观测与建模**的主题。有关影响气候的因素以及这些因素目前对人类与自然系统、气候和海洋所产生的影响，我们将在**变化中的气候**中讨论。

未来讨论的是人类排放的温室气体可能对全球温度产生的影响，以及可能采取哪些行动加以缓解。深入阅读本书吧，你会发现弥足珍贵的气候中蕴藏着令人心驰神往的内容。

地球气候系统

术语

大陆度 表征某地气候受陆地而非水域影响的指数。陆地的有效热容量远低于水，蒸发率也较低，因此地表温度变化更大。

对流单体 液体或气体受热后形成对流单体，从而产生密度梯度。液体或气体升温后膨胀，密度变小，离开热源，取而代之的是温度较低、密度较大的液体或气体。由于液体和气体总是趋向平衡，于是就产生了一个升降对流系统。在大气中，对流单体可以产生风和云，例如，陆地上的空气比海洋上的空气升温更快，这样陆地上就形成了一个低气压区域，海风因此产生。

气旋/反气旋 气旋为向内朝低气压地区辐合的风系。北半球气旋逆时针旋转，南半球气旋顺时针旋转。反气旋为向外辐散的风系，远离高压区。北半球反气旋顺时针旋转，南半球反气旋逆时针旋转。

冰冻圈 冰冻圈是水圈的冰冻部分，即地球上所有冰冻水的总和。

厄尔尼诺 太平洋洋面温度和气压经历着周期性变化，这种变化会导致厄尔尼诺-南方涛动（ENSO）。“厄尔尼诺”一词直译自西班牙语，意为“圣婴”，通常指这个周期的暖位相。在此期间，热带太平洋中部和东部比往常更加温暖。见**南方涛动**。

湾流 源自墨西哥湾的一股快速流动的暖流，携暖水穿越大西洋。该洋流在离开北美东海岸时加速，然后分成两股：一股将暖水带到北欧的北大西洋漂流，另一股将暖水带到西非的加那利海流。

海洋环流 主要由风、温度、盐度驱动的大型循环洋流系统。海洋环流驱动着海洋输送带。环流形成后，地球的自转会影响环流方向，而大陆和岛屿则会影响环流大小。

哈得来环流 一种大气翻转环流，空气从赤道附近的地表上升，在大约15千米的高度向极地方向移动到亚热带地区，然后回到地面附近。又名“哈得来环流圈”。

黑潮 太平洋上的一股强劲的表层洋流，从菲律宾向北流向日本。

海洋效应 大型水体对当地气候的影响。具体而言，受其影响，地表温度日变化、季变化通常较小。见**大陆度**。

北大西洋涛动（NAO） 北大西洋的一种天气现象，由海洋表面气压的异常波动引起，进而影响北大西洋的西风急流和风暴轨迹。冰岛的海洋表面气压通常较低，亚速尔群岛的气压则较高。这两个极端之间的气压差随时都会加大北大西洋涛动的强度。

海洋环流输送带 海洋处于不断的运动之中，这是表层及深层洋流系统作用的结果。这一系统在所有洋盆中循环，在全球范围内输送水、热、盐和营养物质。由温度和盐度变化产生的深层洋流和由风驱动的表层洋流共同组成了这个系统。较冷的高盐水下沉，较暖的低盐水上升。暖水顺着湾流移动至挪威海，遇到冷空气后绝热冷却，下沉至洋底。冷水进而被湾流中源源不断的暖水逼向南方，最终到达南极洲，冷暖流混合，输送再次开始。

（海洋）翻转环流 又称经向翻转环流。翻转指表层和深层洋流系统使水在所有洋盆中循环，并在全球范围内输送水、热、盐和营养物质。

海洋汇 海洋能够吸收和存储大量溶解碳，形成碳汇。来自大气圈和腐烂的海洋生物的二氧化碳溶解到海洋中，打破了海水酸碱度的平衡，导致海洋酸化。

辐射强迫 地球从太阳光中吸收的能量和辐射回太空的能量之间的差额。当地球吸收的能量多于辐射回太空的能量时，就意味着有一些能量被大气圈所吸收，进而导致气候变暖，这就是正辐射强迫。辐射强迫可分为自然辐射强迫和人为辐射强迫，前者如火山喷发或太阳辐照度的变化导致的辐射强迫，后者如影响地表反照率或大气成分的工农业生产活动导致的辐射强迫。

气候组成部分

30秒探索气候的力量

气候的每一个组成部分都包含若干物理、化学和生物过程，它们使热量和水分趋于平衡，并决定了任意一个地点或一年中任意一个时间的天气。在大气圈中，气体和小颗粒改变了入射太阳辐射和出射地球辐射。云进一步影响着辐射平衡。大气圈十分活跃，不断通过气体、颗粒、云三个维度输送热和水。海洋有很大的容量来存储热量，可以在入射能量过剩时存储热量，在入射能量不足时释放热量。海洋还可以动态地将热量从一个地方输送到另一个地方。陆地在决定气候方面很重要，因为不同的地表有不同的反照率，土壤和植被存储热量和水分的能力也不同，而且陆地可以对风施加阻力。冰冻圈由冰冻的水——海洋和陆地上的冰（冰川和冰盖）以及冻结在土壤中的水组成，包含了地球上约90%的淡水。由于生物圈在二氧化碳等气体的循环中发挥着作用，所以我们也越来越倾向于将生物圈视为气候系统的一个重要组成部分。

3秒钟事件

地球气候系统是由若干部分组成的，包括大气圈、海洋、陆地、冰冻圈和生物圈，各部分相互作用。

3分钟循环

气候系统中的不同过程就规模而论天差地别。小到与水滴形成有关的微尺度过程，大到在炎热的赤道和寒冷的极地之间输送热量的全球海洋环流和大气环流，应有尽有。辐射过程发生在瞬息之间，而冰盖的形成过程动辄跨越数千年。因此，要对地球气候系统进行建模，挑战重重。

相关话题

另见
全球大气环流 第16页
全球海洋环流 第18页
地球辐射平衡 第32页
生物圈 第70页

3秒钟人物

真锅淑郎
Syukuro Manabe
1931—
日本气象学家、气候学家，气候（包括其多元组成部分）模型开发先驱（见第96页）。

本文作者

马特·科林斯
Mat Collins

复杂气候系统的组成部分在微观与宏观两个层面上相互作用。

N
W
E
S

全球大气环流

30秒探索气候的力量

温暖、潮湿的空气在赤道附近上升。空气膨胀、冷却后，水分凝结，形成积雨云。随后，空气向两极飘散。如果地球不旋转，空气会一直飘到两极，并作为大型翻转对流单体的一部分下沉。赤道上的地球自转速度最快，因此，根据动量守恒定律，空气在向极地移动时，会在大气层的上层以副热带急流的形式自西向东流动。这些快速移动的急流最终变为湍流，将对流圈（哈得来环流）限制在热带和亚热带地区。在中纬度地区，不稳定性产生了水平波，也通过看似非常混乱的复杂环流模式向两极输送热量和水分。这些波形成了风暴或气旋，它们通常是与锋面、大风和雨有关的低压系统。高压反气旋系统往往带来稳定的干燥条件，并导致冬季的寒流和夏季的热浪。气旋和反气旋都集中在风暴轨迹上。北半球有两个主要的风暴轨迹，一个在太平洋，一个在大西洋。在南半球，风暴轨迹覆盖了整个半球。

3秒钟事件

大气圈将热量和水分从炎热、湿润的赤道地区输送到寒冷、干燥的极地地区。日复一日的地球旋转导致了复杂的环流模式。

3分钟循环

全球大气环流好比“热引擎”，可以将来自太阳的热能转换成风、气旋和反气旋等机械能形式以及其他环流形式。赤道离太阳最近，是热源，热汇则在两极。大气成分的变化，如二氧化碳的增加，会改变源和汇，从而导致环流模式和天气的变化。

相关话题

另见

气团与锋面 第24页
太阳辐射 第34页
云与风暴 第54页

3秒钟人物

乔治 · 哈得来
George Hadley
1685—1768
英国物理学家、气象学家，提出信风理论以及与之相关的现称“哈得来环流”的南北环流模式。

本文作者

马特 · 科林斯

大气在赤道增温，在两极降温，全球大气环流受此驱动。

全球海洋环流

30秒探索气候的力量

海洋环流有水平和垂直（翻转）之分，可在全球范围内重新分配热量、营养物质、水分和溶解后的化学物质。水平环流主要由风驱动，包括强大的赤道洋流、南极绕极流以及主要的西边界流（如大西洋湾流和太平洋黑潮）等。全球翻转环流（或称“海洋环流输送带”）主要是由海水密度变化引起的，这种变化是由加热和冷却、淡水蒸发和降水引起的温度与盐度的空间变化。冷盐水形成后，密度变大，在极地附近下沉，将氧气和二氧化碳带入海洋内部，为4000米深处的动物提供生命给养。在较低纬度地区，高密度水经过混合后上涌，循环随之闭合。富含二氧化碳的海水的下沉是海洋碳汇的一个重要组成部分，也是缓解人为气候变化的一个重要因素。营养丰富的深海水在风的驱动下上涌，这种现象在各大洲的西海岸均有出现，为当地主要的生物生产量和海洋渔业提供了支撑。

3秒钟事件

海洋环流在气候中发挥着重要的作用：存储热量和二氧化碳，输送大量热量，调节季节性和区域性气候。

3分钟循环

北大西洋全球翻转环流从低纬度向高纬度输送的热量相当于约100万个大型（装机容量1吉瓦）发电站产生的热量。受此影响，北欧区域性气候显著变暖。这种环流在冰期明显放缓或停止，促成了冰期和间冰期之间的循环。

相关话题

另见

气候模态 第26页
热辐射与温室效应 第38页
水文循环 第50页

3秒钟人物

马修·莫里
Matthew Maury
1806—1873
美国海洋学家，著有《海洋物理地理学》（1855）。

亨利·施托梅尔
Henry Stommel
1920—1992
美国物理海洋学家，研究领域：海洋环流模式。

华莱士·史密斯·布勒克
Wallace Smith Broecker
1931—2019
美国海洋学家，提出海洋环流输送带（1974年）及其在冰期的作用的第一人。

本文作者

约翰·谢泼德
John Shepherd

海洋环流由风、温度和盐度驱动。

NORD-AFRICA

气候类型

30秒探索气候的力量

全球气候因地而异，各地温度和降水也迥然不同。一个地区的冷热干湿是由若干变量决定的：纬度（与赤道的距离）、海拔（地势或地形）、大陆度（与海洋的距离）、盛行风向、洋流和海洋表面温度。不同的自然因素大致决定了不同的或主要的气候类型：年平均温度和降水量；热带、干旱带、亚热带、亚寒带和极地带，并根据冬夏之分进一步细分。覆盖范围最广泛的气候类型是干旱带和亚寒带，两者所覆盖面积超过陆地面积的50%，但世界人口中只有27%的人口生活在那里。热带地区占陆地面积的19%，拥有28%的人口；亚热带地区面积最小，仅占13%，但高达45%的世界人口集中于此。世界各大洋也有相同的气候类型，但海洋上的温度变化更温和，风更是常见。

3秒钟事件

若干自然因素影响着地球气候，它们也构成了显著不同的气候类型的基础：热带烈日炎炎，而极地却天寒地冻。

3分钟循环

人类应该如何利用气候类型呢？比如，找寻最适合特定作物或牲畜生长的地区，再比如决定去哪里度假最合适等。人类活动对气候的影响不容小觑，对两极的影响更是显著。所有大城市都有其独特的城市气候。

相关话题

另见
全球大气环流 第16页
水蒸气与湿度 第52页
降水 第56页
城市气候 第78页

3秒钟人物

弗拉迪米尔·柯本
Wladimir Köppen
1846—1940
俄裔德国气象学家，于1884年开发出一套气候分类系统，该系统仍是迄今最常用的气候分类系统，但略有改良。

本文作者

布赖恩·芬利森
Brian Finlayson

早期气候分类系统以自然植被为指标。

1846 年 9 月 25 日
出生于俄罗斯圣彼得堡

1864 年至 1870 年
先后在俄罗斯圣彼得堡和德国海德堡就读本科，学习植物学

1875 年
成为位于汉堡的德国海军天文台海洋气象部门主管

1884 年
公开他的第一张全球温度带地图

1900 年
推出第一版气候分类系统

1911 年
出版热门教材《大气热力学》

1924 年
与他的女婿、气候学家阿尔弗雷德·魏格纳一起发表了一篇关于冰期的论文

1936 年
发布最终版柯本气候分类系统

1940 年 6 月 22 日
于奥地利格拉茨逝世

弗拉迪米尔·柯本

WLADIMIR KÖPPEN

科学家弗拉迪米尔·柯本出生于俄国。为了了解全球气候模式，柯本对天气系统和大气圈进行了研究，并将气候模式与不同地区的植被进行了匹配。柯本是第一个绘制地球气候带分布图的人，也是现代气候分类系统的奠基人。

柯本在克里米亚半岛长大，那里的植物令他心驰神往。他惊奇地发现：山区和沿海地区的植物居然天差地别！他先后在圣彼得堡和海德堡就读本科，学习植物学，并于1870年获得植物生理学博士学位。普法战争期间，柯本在救护队服役。战后，他回到圣彼得堡，在俄国中央物理天文台工作。1875年，位于汉堡的德国海军天文台组建了新部门——海洋气象部门，柯本出任主管。在那里，柯本开始绘制地图，根据季节性温度变化将地球分为不同的“温度带”，并于1884年发布了他的第一张全球温度带地图。

柯本对气候进行了系统研究。他利用气球从上层大气收集数据。有了这些新数据，他对世界气候的认识也与日俱增。1900年，他在最初的温度分布图的基础上构建了第一个全球气候分类系统，根据降雨量、温度及其季节性变化将全球气候分为五大类型，进而确定了各地区的主要植被类型。

柯本勤于笔耕，著作等身：1868年至1939年，累计发表作品500有余。1919年，柯本从天文台退休后，搬到了奥地利格拉茨，在那里，他和德国气候学家鲁道夫·盖格尔（Rudolf Geiger）共同编写了五卷本《气候学手册》，在他于1940年去世前该手册还未最终完成。柯本在其职业生涯中一直在完善气候分类系统，其修订版至今仍被气候学家广泛使用。

克莱尔·阿舍
Claire Asher

气团与锋面

30秒探索气候的力量

不同类型的空气相遇时会发生什么呢？不妨把这些无形的团状物想象成“龙舌兰日出”吧。在这种双色饮料中，烈酒首先与碎冰和橙汁混合，然后慢慢融入红石榴糖浆。红石榴糖浆由于密度大下沉到了杯底，下方的红色向上泛起后与上方的橙色混合在一起。现在想象一下将上述液体装入鱼缸中的情景。将红石榴糖浆从一端倒入，它会下沉到缸底并向另一端扩散。很快，你就会看到中间涌现出一个五彩缤纷的“战场”：密度较大的液体与密度较小的液体对峙着。当密度较大的极地冷气团与密度较小的赤道热气团碰撞时，也会发生同样的“战斗”。冷暖气团在空中相遇时，便开始争抢地盘，此时天气就会发生骤变。针锋相对的气团之间的分界线通常非常明显，因此被称为“锋面”。一般来说，风起云涌之际，冷暖气团在空中激烈碰撞时，锋面就形成了。暖气团起主导作用时，暖气团前移并取代冷气团。当富含水分的暖气团上升到冷气团上方时，便会突然下起雨或雪。

3秒钟事件

锋面是暖气团和冷气团之间的明显分界线，一般出现于风暴在空中形成并带来降水之时。

3分钟循环

锋面在气候系统中起着关键作用，冷暖气团在其作用之下无限接近并部分重合。随着太阳能源源不断地流入热带，为了保持平衡，大气圈需要向两极扩散热量。风暴就像一把巨勺，搅动着整个鱼缸：鸡尾酒中的红色与橙色部分相互交织，就形成了锋面。

相关话题

另见

全球大气环流 第16页
云与风暴 第54页
气候模型 第94页

3秒钟人物

雅各布·皮叶克尼斯
Jacob Bjerknes
1897—1975
挪威裔美国气象学家，在发现锋面方面起到了重要的作用。同时，他还借用第一次世界大战期间两军对垒之势为锋面命名。

戴夫·富尔茨
Dave Fultz
1921—2002
美国气象学家，也是最早在实验室里通过在水箱中混合冷暖液体来模拟风暴和锋面的科学家之一。

本文作者

蒂姆·伍林斯
Tim Woollings

湿度不同、温度各异又躁动不安的隐形气团造就了日常天气。

气候模态

30秒探索气候的力量

早在18世纪，欧洲旅行者就知道：斯堪的纳维亚半岛天寒地冻之际，格陵兰岛暖意融融。这就是众所周知的“北大西洋涛动”现象，而这仅仅是错综复杂的全球天气关系网中的一个例子而已。同样，加利福尼亚州湿冷的冬天往往预示着北部的华盛顿州温暖干燥，而当澳大利亚北部的达尔文气压高、天气晴好之时，太平洋中部的塔希提岛的天气可能恰恰相反。后一种关联被称为“南方涛动”，它是厄尔尼诺现象的一个关键组成部分。在这种海-气耦合模态中，热带太平洋变得异常炎热，洋面上方的信风减弱，影响波及全球。有些模态由大气圈主导，例如急流的转移，它是北大西洋涛动等模态的基础。众所周知，这些模态变率很强，难以预测。相反，大西洋的升温和降温过程都很缓慢，一般10年才经历一个周期，飓风数量、欧洲的夏天和非洲萨赫勒地区（撒哈拉沙漠生物群落和苏丹大草原生物群落之间的过渡区）的干旱都受这个漫长周期的影响。

3秒钟事件

区域气候深受大尺度模式的影响，后者则反映了洋流和风的变化。起风时，冷暖气团随之移动，结果是有的地区风雨交加，有的地区则晴空万里。

3分钟循环

有些气候模态是由外部因素强迫所致。例如，据说在20世纪的后几十年里，由于南极臭氧减少，南大洋风带向极地转移，这种模态被称为“南半球环状模态”。一般来说，气候模态将如何对进一步的人为强迫做出反应，是预测气候变化的区域特征的最大不确定性因素之一。

相关话题

另见
气团与锋面 第24页
气候模型 第94页
气候强迫因子与辐射强迫 第116页
极端天气气候事件 第120页

3秒钟人物

吉尔伯特·沃克
Gilbert Walker
1868—1958
英国物理学家，发现了世界各地存在的多种气候模态（包括北大西洋涛动和南方涛动等）。

约翰·迈克·华莱士
John Mike Wallace
1940—
大气科学家，遥相关研究的先驱，该研究确定了世界范围内天气系统之间的联系。

本文作者

蒂姆·伍林斯

气压对决的结果往往是“东边日出西边雨”。

Lake
Hudson
S
Bay
C.Flattery
S.Francis
Caribbea
Sea

加热与冷却

术语

（行星）反照率 反照率衡量的是照射到一个物体的总太阳辐射被反射回去的比例，其区间为0到1。行星反照率指的是一个星球的上层大气的平均反照率。地球的行星反照率为30%到35%，且深受云层影响。

昼夜 昼夜变化可以指24小时内的温度或其他任意参数的变化。白昼活动、夜晚休息称为“昼出夜伏”，与之相反的是“昼伏夜出”（在晚上活动），此外也有昼出夜出（白天夜晚都有活动）。

能量平衡 一个星球的能量平衡指的是太阳辐射的增温效应及星球将太阳辐射反射回太空的冷却效应之间的平衡。通过改变入射太阳辐射或地球反射回太空的热量来改变能量平衡，可以改变地球的平均温度。

能量收支 地球的能量收支是指进入大气圈的太阳能、被大陆和海洋吸收的能量、地球逆辐射和反射回太空的能量，以及通过压缩、蒸发、冻结、融化和摩擦等过程转移的能量的明细。能量收支必须保持平衡。一旦出现不平衡，气候就会发生变化，直至平衡为止。见**辐射收支**。

辐射收支 地球的辐射收支是地球及其大气吸收的太阳辐射能与通过长波射出辐射形式离开地球大气上界的辐射能间的差额。一旦辐射收支失去平衡，大气圈就会升温或降温，直到再次平衡为止。见**能量平衡**、**能量收支**。

太阳活动周期 太阳活动以11年为一个周期：从产生极少太阳黑子和太阳耀斑的太阳活动极小期到太阳活动最频繁的太阳活动极大期。

平流层 位于对流层之上的大气层称为平流层，从对流层延伸到离地表约50千米的平顶。它的存在是臭氧和氧气吸收太阳紫外线辐射的结果。在平流层内部，温度随着高度的增加而增加。平流层是一个非常稳定的圈层。

太阳黑子 太阳核心和赤道的自转速度远超其他地方，太阳磁场因此扭曲，太阳黑子也因此产生：太阳表面温度较低处的临时痕迹，通常成对出现，具有相反的磁场极性。太阳黑子直径从16千米到160000千米不等，在太阳表面移动时膨胀和收缩，有时肉眼可见。太阳黑子在太阳活动极大期较为常见，在太阳活动极小期最不常见，其活动周期为11年。

太阳辐照度 太阳辐照度是指照射到地球上的太阳电磁辐射量，以单位面积的功率来计算。太阳辐照度的旧称为“太阳常数”。卫星观测显示，在一个太阳活动周期内，太阳辐照度的平均值为1361瓦/米^2，浮动比例约为0.1%。见**太阳活动周期**。

对流层 地球大气圈的最低层称为对流层。大多数天气活动发生在这里，这是因为对流层是大气圈中密度最大的部分，其质量至少占大气质量的75%，包含了大气中99%的水蒸气与气溶胶。在热带地区，对流层距离地表约18千米，而在极地地区仅约8千米。在对流层中，温度随着高度的增加而降低。对流层和平流层之间的交界处，即位于对流层上方的温暖的稳定层称为“对流层顶”。

地球辐射平衡

30秒探索气候的力量

来自太阳的入射能量被地球表面和大气圈发射到太空的几乎等量的红外能量所平衡。长期以来人们认为这就是事实，但直到20世纪70年代，借助详细的卫星仪器探测人们才证实了这一点。太阳入射的能量中，大约20%被大气圈吸收，50%被地表吸收；另外30%被云、大气和地表反射回太空；这30%被称为“行星反照率”，是气候系统的一个重要特征。发射到太空的大部分红外能量来自云和气体，特别是水蒸气和二氧化碳。据计算，发射到太空的能量中只有不到10%的能量直接来自地表。能量平衡适用于整个地球。在低纬度地区，太阳入射的能量多于反射到太空的能量，而在高纬度地区则相反：反射能量多于入射能量。由于风和洋流可以将能量从低纬度地区输送到高纬度地区，因而能量总体是平衡的。

3秒钟事件

地球吸收来自太阳的入射能量，并将几乎等量的红外能量发射到太空，以保持能量平衡。

3分钟循环

来自太阳的入射能量和地球发射的红外能量之间的平衡并不精确。例如，这种平衡可能会受到每年云量变化的影响。不平衡状态如果持续时间过长就会导致气候变化。温室气体浓度的增大导致向太空发射的红外能量减少，但对吸收的太阳入射能量影响较小，从而破坏了两者之间的平衡。为了减轻不平衡，地球做出的反应就是升温。

相关话题

另见

太阳辐射 第34页
热辐射与温室效应 第38页
全球变暖 第112页

3秒钟人物

威廉·亨利·丹斯
William Henry Dines
1855—1927
英国气象学家，最早对地球能量平衡进行计算的人之一。

维尔纳·索米
Verner Suomi
1915—1995
美国科学家，早期辐射收支卫星观测仪的开发者。

埃哈德·拉施克
Ehrhard Raschke
1936—
率先对卫星辐射收支进行测算和分析的德国科学家。

本文作者

基思·夏因
Keith Shine

地球辐射平衡受大气圈中的气体和云覆盖水平的影响。

太阳辐射

30秒探索气候的力量

太阳能可以使地球变暖，并引发各种天气现象，进而决定我们的气候。只有35%的太阳能的波长位于人类肉眼可见的波段；其余的要么是紫外线（约15%），要么是近红外线（约50%）。紫外线和近红外线辐射大多被大气圈中的气体散射或吸收了。可见辐射受到的影响要小得多，因此照射到地面的可见辐射比例更大，或许这也解释了为什么我们的眼睛能够进化到对这些波长敏感的地步。到达地球的太阳能总量是气候科学中的一项重要统计数据。它的旧称是“太阳常数”，但现在通称为“太阳辐照度”。新称法尽管拗口，但更为准确，因为自20世纪70年代末以来绕地卫星探测结果显示，太阳辐照度的变化周期为11年。太阳辐照度变化很小，最大值和最小值相差约0.1%。在过去的一个世纪里，太阳辐照度变化幅度可能较以前更大，但对此我们并无把握，毕竟20世纪70年代以前并无直接观测数据。

3秒钟事件

地表和大气圈吸收的太阳辐射是所有气象现象的最终能量来源。

3分钟循环

人们早就知道太阳黑子数量以11年为周期变化，但直到应用卫星观测之后，人们才明白它对太阳辐照度的影响。太阳黑子是太阳上的黑暗斑块，我们可能会认为：可见的黑子越多，太阳辐照度就越小，然而事实恰恰相反。与太阳黑子相伴相随的是不太明显的明亮区域，对太阳黑子有一定反作用。11年周期并非完全固定：每个周期的确切长度和太阳黑子数量均有不同。

相关话题

另见

地球辐射平衡 第32页

热辐射与温室效应 第38页

太阳对气候的影响 第108页

3秒钟人物

萨穆埃尔·海因里希·施瓦贝
Samuel Heinrich Schwabe
1789—1875
德国科学家，报告太阳黑子周期的第一人。

查尔斯·格里利·阿博特
Charles Greeley Abbot
1872—1973
美国科学家，地面测算太阳辐照度的先驱。

约翰·希基
John Hickey
1936—2016
美国科学家，卫星测算太阳辐照度的先驱。

本文作者

基思·夏因

地球上任何一个点的入射太阳辐射都由纬度、季节、一天中的时间点、云量和海拔等共同决定。

1
2
3
4
5
6
7
8
9
10
11

1820 年 8 月 2 日
出生于爱尔兰卡洛郡利林布里奇

1839 年
被爱尔兰地形测量局聘为绘图员

1847 年
成为英国汉普郡昆伍德学校的一名教师

1848 年
在德国马尔堡大学师从罗伯特·本生（Robert Bunsen）学习物理

1850 年
于苏格兰爱丁堡在一次会议上发表了关于抗磁性的论文

1852 年
当选为英国皇家学会会员

1853 年
获聘伦敦大英皇家科学研究所自然哲学教授

1864 年
因在气体吸收和辐射热量方面贡献突出而获得拉姆福德奖章

1868 年
发现了光散射的“丁达尔效应”

1893 年 12 月 4 日
于英国汉普郡黑斯尔米尔逝世

约翰·丁达尔

JOHN TYNDALL

爱尔兰物理学家约翰·丁达尔发现了天空为什么会是蓝色的，并拿出了“温室效应”在地球大气圈中发挥作用的第一个证据。他关于热辐射对空气的影响的开创性实验，证明了大气圈对地球气候的重大影响，这一发现为气候变化研究铺平了道路。

丁达尔于1820年出生于爱尔兰利林布里奇，在校期间学过技术制图和土地测量。在前往德国马尔堡大学攻读物理学博士学位之前，他曾担任过绘图员、铁路测绘员和教师。他对抗磁性产生了兴趣。抗磁性是迈克尔·法拉第在1845年发现的。

在短短2年内拿下博士学位之后，丁达尔来到了伦敦，并对气体研究产生了浓厚的学术兴趣。为了提取每种气体的纯样品做实验，他发明了一种气体存储法，即将气体存储于一个内层涂有甘油的木箱中——甘油是一种黏性物质，可以捕捉漂浮在气体中的灰尘颗粒和微生物。用强光照射气体之后，任何杂散的颗粒都一目了然，因为一旦被光照射到，颗粒就会把光散射出出去。这就是我们现在常说的“丁达尔效应”。这一效应也可用来解释天空为什么是蓝色的：当光线照射到空气中的分子时，蓝色光的散射效果比其他颜色更好，所以在人眼看来天空就变成了蓝色。

到了19世纪60年代，丁达尔在气候科学方面取得了重大突破。他在实验中用嗜热体（可将热能转化为电能的一系列热电偶）来测量不同气体吸收辐射热量（红外辐射）的能力，发现二氧化碳和臭氧等气体吸热能力很强，而氮和氧等气体吸热能力很差。

丁达尔的实验表明，水蒸气吸热能力最强，堪称决定大气圈温度的最重要气体。虽然相当一段时间以来，科学家一直怀疑地球大气圈有温室效应，能够吸收原本消散在太空中的太阳能，但这是第一个实验证据。丁达尔的工作并不局限于大气科学，例如，他开发了一种装置，利用红外辐射来测算人类一次可以呼出多少二氧化碳。如今，这种装置的原理还被麻醉师用来监测昏迷中的患者的身体状况。

克莱尔·阿舍

热辐射与温室效应

30秒探索气候的力量

温度高于绝对零度（0 K，−273.15 ℃）的物体会发射热能。发射量会因温度的升高而迅速增加，所发射热能的波长也会随之改变。热体（温度超过1000 K，727 ℃）以可见光的形式发射能量。在正常的表面温度和大气温度下，物体发射的是肉眼不可见的红外线。地表会发射和吸收红外辐射，大气中的气体也是如此。由于波长的原因，气体对入射太阳辐射的吸收效果不佳，所以大约有一半的阳光会穿过大气圈，使地表变暖。但是，地表每发射一个单位的红外辐射，大气中的气体和云就会反射回0.85个单位，使地表持续增温。这种使地球变暖的自然温室效应主要是由水蒸气和二氧化碳这些“温室气体”造成的。之所以称其为“温室气体”，是因为温室玻璃和大气中的气体一样，对可见辐射来说是透明的，但会吸收红外辐射。这还不能完全解释为什么温室是温暖的，但这一提法沿用了下来。人类活动（主要是燃烧化石燃料、砍伐森林和耕作）大大增强了温室效应，导致全球变暖。

3秒钟事件

大气中的某些气体能吸收和反射红外辐射，使地球保持温暖，形成自然温室效应，但这种温室效应因人类活动增强了。

3分钟循环

地表辐射随波长变化而平缓变化，气体的红外辐射和吸收则更具选择性：它发生在由分子旋转和振动方式决定的狭窄波段，只有特定的几种能量的波长位于该波段。当旋转和振动的能量发生变化时就会发生辐射或吸收。水蒸气是一种有效的吸收剂，而大气的主要成分氮和氧不是。

相关话题

另见

太阳辐射 第34页
全球变暖 第112页

3秒钟人物

约翰 · 丁达尔
John Tyndall
1820—1893
爱尔兰物理学家，测量大气中的气体对红外线的吸收情况的第一人。

马克斯 · 普朗克
Max Planck
1858—1947
德国物理学家，解释热辐射的第一人，为量子理论奠定了基础。

维拉布哈德兰 · 拉马纳森
Veerabhadran Ramanathan
1944—
印度大气物理学家，量化温室气体影响的先驱。

本文作者

基思 · 夏因

温室效应是自然排放和人类活动的直接结果。

云与颗粒物的影响

30秒探索气候的力量

关于云有两种常见的说法，它们能够告诉我们云是如何影响地球的能量平衡的。第一种说法：“夏日多云更凉爽”，因为云把阳光反射回了太空。第二种说法：“冬夜多云霜冻少”，因为云可以发射红外辐射，和温室气体一样，云也可以给地表增温。云既能使地表冷却，又能给地表增温，那么平均而论，哪种效果更胜一筹呢？一直以来人们对此莫衷一是，直到20世纪80年代，凭借先进的卫星探测手段，人们对有云和无云时的能量平衡进行了测算，才平息了相关争议。测算结果表明，冷却效果更强。据粗略测算，无云的日子，地球表面的温度会提高10 ℃～15 ℃，但是不同的云层类型影响有所不同。平均来说，由水滴组成的低空云会造成整体的冷却效果，但高空冰云会造成升温。大气中的微小颗粒物，无论是来自自然环境的（如沙漠尘埃），还是来自人类活动的（包括燃烧化石燃料和农业生产活动产生的颗粒物），既会影响能量收支，也会带给地球一丝丝凉意。

3秒钟事件

云可以让地球降温，因为云的太阳辐射反射率大于其红外辐射吸收率；大气中的微小颗粒物也会起到冷却地球的作用。

3分钟循环

云对预测未来的温度变化构成了重大挑战。云会对全球变暖做出种种反应。云的数量、厚度和高度会发生变化，云中的液态水和固态冰的比例也会发生变化。如果云的冷却效果随着气候变暖而增强，增温过程就会减缓；如果冷却效果减弱，增温过程就会加快。目前最可信的推测是云的变化很可能会起到增温作用。

相关话题

另见

地球辐射平衡 第32页
太阳辐射 第34页
热辐射与温室效应 第38页

3秒钟人物

西格蒙德·弗里茨
Sigmund Fritz
1914—2015
美国科学家，率先认识到云在能量收支中的作用。

罗伯特·D.塞斯
Robert D. Cess
1933—2022
率先量化云在气候变化中的作用及相关不确定性。

格雷姆·斯蒂芬斯
Graeme Stephens
1952—
澳大利亚科学家，其研究使我们从卫星观测中更加了解云。

本文作者

基思·夏因

云和大气颗粒物都会影响地球辐射收支。

加热速度与大气温度

30秒探索气候的力量

大气圈冷热分布不均。这种温度分布是由入射太阳辐射的分布方式，吸收太阳辐射和地球发射的长波辐射的气体、云、颗粒物以及地表特征共同造成的。热带地区的太阳辐射几乎是垂直穿过大气圈的，而两极的辐射路径是倾斜的，因此热带地区的气体吸收辐射的机会比靠近两极的地方少。在高层大气，短波吸收是由臭氧和氧气进行的，水蒸气和二氧化碳则在低层大气吸收辐射。红外辐射几乎完全被水蒸气、二氧化碳和微量气体（如臭氧、甲烷和氧化亚氮）吸收，但其中大部分红外辐射被同样的气体发射回太空，这又导致了大气圈的冷却。当吸收的辐射超过发射的辐射时，大气圈就会变暖。底层大气始终是温暖的，因为大多数水蒸气分布在近地表大气中；从对流层开始，随着高度增加，大气圈温度会下降。臭氧吸收了太阳紫外辐射之后，平流层的温度再次上升。大气温度随高度的变化而变化，这对可重新分配热量和能量的全球环流模式起到了一定的决定作用。

3秒钟事件

气体和入射阳光的不均匀分布造成了大气温度的不均衡分布。

3分钟循环

除了吸收辐射之外，大气圈也可以通过其他过程加热。底层大气通过地表能量的机械转移加热。在大气圈的其他地方，水蒸气在凝结成云滴时，会释放出潜热，有了这种热量才会形成风暴。空气在被迫垂直运动时其温度也会改变：通常上升时降温，下降时升温。

相关话题

另见

全球大气环流 第16页
地球辐射平衡 第32页
太阳辐射 第34页
热辐射与温室效应 第38页

3秒钟人物

戈登·多布森
Gordon Dobson
1889—1975

英国物理学家、气象学家，利用陨石运动确认了平流层温度会随着高度的增加而上升；臭氧测量仪也称多布森光谱仪，就是以他的名字命名的。

本文作者

埃莉·海伍德
Ellie Highwood

大气圈中的气体，如臭氧、氧气和二氧化碳，会影响地球吸收和反射的太阳辐射量。

温度循环：昼夜循环与季节循环

30秒探索气候的力量

照射到地球的阳光是有规律的，也是有变化的，因此大多数地方每天、每年的温差都有所不同，这就是气候的应有之义，也是重要之义。因为地球自转，一天中有了昼夜之分。白天，阳光使地表增温；晚上，地表逐渐冷却。土壤升降温的速度比水快；云层白天降温，晚上升温，因此，在海拔高、万里无云的大陆中部地区，昼夜温差较大。比如，阿富汗坎大哈，距离海洋大约900千米，昼夜温差一度高达23 ℃。地球绕太阳公转，加上地轴倾斜，于是一年中有了四季之分。离赤道越远，四季更迭越引人注目，因为在这里，照射到地表的阳光和可用于加热的阳光变化更大。在极地地区，阳光变化周期较为极端：极夜期完全没有一丝阳光，而极昼期日照却长达24小时，因此季节性温差很大。根据记载，西伯利亚上扬斯克的年温差在－68 ℃到37 ℃之间。热带地区季节性温差不大，但仍可能因为风向的定期变化经历季节性变化，如季风环流。

3秒钟事件

由于照射到地球的阳光会变化，大多数地方也会经历温度日（昼夜）变化和年（季节）变化。

3分钟循环

温度日循环导致了天气日循环。白天，热带地区的土地在阳光的炙烤之下，空气逐渐变暖、渐渐升腾。空气上升后冷却，水蒸气凝结成云滴，最终产生雨水，所以太阳光照的日变化导致热带云量和降雨量在下午晚些时候达到高峰。

相关话题

另见

全球大气环流 第16页
地球辐射平衡 第32页
太阳辐射 第34页

3秒钟人物

卡琳·拉比茨克
Karin Labitzke
1935—2015
德国气象学家，利用气球和卫星的每日观测增进了对平流层温度变化的理解。

本文作者

埃莉·海伍德

因为地球自转，一天中有了昼夜之分，而地球围绕着太阳公转，加上地轴倾斜，一年中便有了四季之分。

POSITIONS OF THE EARTH IN ITS ORBIT ROUND THE SUN DURING THE THREE SUMMER MONTHS
POSITIONS OF THE EARTH IN ITS ORBIT ROUND THE SUN DURING THE THREE SPRING MONTHS
POSITIONS OF THE EARTH IN ITS ORBIT ROUND THE SUN DURING THE THREE WINTER MONTHS
POSITIONS OF THE EARTH IN ITS ORBIT ROUND THE SUN DURING THE THREE AUTUMN MONTHS
Capricornus
Sagittarius
Scorpio
Libra
Virgo
Leo
Cancer
Gemini
Taurus
Aries
Pisces
Aquarius
HYGROMETER
MOIST
DRY
THERMOMETER
BAROMETER
B. MARTIN
SUN
Orbit of Mercury
Orbit of Venus
Very Dry
RAIN
Much Rain
Stormy

水 ◑

术语

露点 空气中水蒸气的含量随着空气冷却而减少。露点是含有一定量水蒸气的空气饱和时的温度。进一步冷却将迫使一些水蒸气凝结成液态水，以露水或云的形式出现。如果这个温度低于水的冰点，则被称为霜点，多余的水蒸气会在周围环境中凝结成霜。处于露点或霜点的空气的相对湿度为100%。见**相对湿度**。

能量平衡 一个星球的能量平衡指的是太阳辐射的增温效应及星球将太阳辐射反射回太空的冷却效应之间的平衡。通过改变入射太阳辐射或地球反射回太空的热量来改变能量平衡，可以改变地球的平均温度。

能量收支 地球的能量收支是指进入大气圈的太阳能、被大陆和海洋吸收的能量、地球逆辐射和反射回太空的能量，以及通过压缩、蒸发、冻结、融化和摩擦等过程转移的能量的明细。能量收支必须保持平衡。一旦出现不平衡，气候就会发生变化，直至平衡为止。见**辐射收支**。

霰 由软雹或雪粒组成的一种降水形式。

哈得来环流 一种大气翻转环流，空气从赤道附近的地表上升，在大约15千米的高度向极地方向移动到亚热带地区，然后回到地面附近。又名“哈得来环流圈”。

固定冰 沿着海岸线边缘形成的海冰，固定在岸边或困于搁浅的冰山之间，无法移动。

潜热 一种物质的状态发生改变（如从固态到液态）时，热量要么被吸收，要么流失到环境中。这种热量被称为潜热。

辐射收支 地球的辐射收支是地球及其大气吸收的太阳辐射能与通过长波射出辐射形式离开地球大气上界的辐射能间的差额。一旦辐射收支失去平衡，大气圈就会升温或降温，直到再次平衡为止。见**能量平衡**、**能量收支**。

相对湿度 相对湿度是指空气中实际的水蒸气相对于空气可容纳的水蒸气的状况。它的计算方法是空气中的实际水蒸气压与相同温度下的饱和水蒸气压的百分比。相对湿度受温度和压力的影响，因为两者都会影响空气所能容纳的水蒸气。降低温度或增大气压会增加相对湿度。温度达到露点时，空气的相对湿度为100%。见**露点**。

流变学 研究物质（通常指液态物质）的变形和流动的学科。

升华 物质不经过液相这一中间阶段，直接从固相过渡到气相的现象。当温度和压强下降到一种物质的三相点以下时就会发生这种现象。三相点是指可使物质三相共存的温度和压强。例如，冰在温度低于0 ℃时就会升华，而像碳和砷这样的化学物质三相点非常之高，因此其液态形式在自然界中非常罕见。

冰生长热力学 海冰的生长取决于水和冰内部及两者之间的热交换。当冷空气使海洋表面冷却时，水的密度增加，接着沉入海底，较温暖的水则通过循环上升到海面。一旦水冷却到−1.8 ℃，海面上就会结起冰晶。海面上的冰要进一步生长，就必须和海底温暖的水进行热交换，这意味着海冰形成的速度会随着冰层的加厚而放缓。

水文循环

30秒探索气候的力量

水文循环是指水以气态、液态和固态形式在全球的运动。隐形的水蒸气在全球大气环流的推动下在大气圈中长途跋涉直至冷却，通常被迫上升，形成液态水或固态冰，并以降水的形式（雨、冰雹、雨夹雪或雪）降落。大部分水文循环活动发生在海洋上：全球84%的蒸发和77%的降水都发生在这里。海洋覆盖了71%的地表，拥有的水资源占地球所有水资源的97.2%。总体而言，陆地表面的蒸发量小于降水量，风还会把海洋上的水带到陆地上来。落在陆地上的大部分降水会重新蒸发，其中大部分是通过植物的蒸腾作用蒸发的，有些降水可以在陆地上存储很长时间，其余的降水最终通过河流返回海洋，还有少部分通过地下径流返回海洋。地球上只有约0.2%的水可作为淡水供陆地生态系统和动物（包括人类）使用。

3秒钟事件

水文循环堪称地球物质循环之最：纯净水由蒸发而来，并在全球循环，水是这个星球上所有生命存在的前提。

3分钟循环

水文循环在全球范围内输送水分和热量。水蒸发时，热量被水蒸气带走，源头地区开始降温；当水蒸气凝结时，热量被释放，空气变暖。热带地区蒸发量最大，因此水蒸气向高纬度地区移动，遇冷释放热量，有利于该地区保暖。当水蒸气变成液态水或固态冰时就会形成云。

相关话题

另见
全球大气环流 第16页
气候类型 第20页
降水 第56页

3秒钟人物

皮埃尔·佩罗
Pierre Perrault
1611—1680
法国科学家，被誉为科学水文学创始人，他率先对水文循环进行了清晰的描述。

埃德蒙·哈雷
Edmund Halley
1656—1742
英国跨学科科学家，1686年在发表于英国皇家学会会刊的一篇论文中描述了水文循环。

本文作者

布赖恩·芬利森

地球上的天然水资源通过水文循环过程得到补充、再分配和净化。

水蒸气与湿度

30秒探索气候的力量

根据温度的不同，水有三种存在状态：固态冰、液态水和隐形的水蒸气。水从液态或固态转变为气态有两个过程：蒸发（水变为水蒸气）和升华（冰直接变为水蒸气）。这两个过程都需要热量。起初，这种热量以汽化潜热的形式存储在气体（水蒸气）中，当水蒸气凝结时，热量被释放出来，使空气变暖。空气温度越高，在它达到饱和之前能容纳的水蒸气就越多。水蒸气含量通常以“相对湿度”来衡量，表示为空气在某一温度下所含有的水蒸气与所能容纳的水蒸气的百分比。当相对湿度达到100%，水蒸气凝结成液态水时的温度被称为“露点”。空气在大气圈中上升时变冷，导致水蒸气凝结，形成云层，并导致雨、冰雹或雪。在地面，特别是在夜间，随着温度的下降，当含有水蒸气的空气与寒冷的地表或水体表面接触时，会形成雾，雾在早晨被太阳加热时重新蒸发。水的蒸发及其在大气中的输送是水文循环的一个基本组成部分。

3秒钟事件

水蒸气是大气圈的一个重要组成部分，空气中水蒸气的含量因地而异、因时而异，而且很少超过4%。

3分钟循环

空气中的水蒸气含量对于调节人类的热舒适度非常重要。当水蒸气含量过高，几乎无法蒸发的时候，单纯通过汗液蒸发给身体降温作用有限，此时我们会觉得又热又黏，特别是温度较高的时候尤为明显。相对湿度低也令人感到不舒服，因为此时眼睛和皮肤都会很干燥。2017年6月，伊朗西部城市迪兹富勒的相对湿度只有0.36%。

相关话题

另见
气候类型 第20页
水文循环 第50页
降水 第56页

3秒钟人物

让-安德烈·德吕克
Jean-André De luc
1727—1817
瑞士自然哲学家，他认为蒸发不是水在空气中溶解，而是作为一种独立的气体存在于大气中。

约瑟夫·布莱克
Joseph Black
1728—1799
苏格兰化学家，在让-安德烈·德吕克的工作基础上做出了自己的贡献；由于他的贡献，约翰·道尔顿（1766—1844）于1801年提出了关于气体压力的“道尔顿分压定律”。

本文作者

布赖恩·芬利森

水蒸气是大气圈中看不见但至关重要的组成部分，决定了相对湿度。

云与风暴

30秒探索气候的力量

地球大气圈允许水以气态、液态和固态形式共存，水云、冰云则构成了地球水文循环的重要一环：云可以通过反射太阳光，让地球冷却，也可以通过捕获红外辐射，让地球升温。水蒸气向液体转化是大气圈加热的主要机制之一：蒸发需要吸收热量，水蒸气冷凝为液体则要释放热量。言下之意，云不仅是我们天空中最亮丽的风景，也是我们气候的一个关键组成部分。暖空气比冷空气能容纳更多水蒸气，因此，锋面中上升的潮湿空气冷却到饱和时，或加热等因素导致暖空气上升时，云就形成了。上升的暖空气可以形成晴天积云，但在凝结和冻结所释放的热量的推动下，积云可以在短短几个小时之内发展成高耸的积雨云，于是暴雨、冰雹和龙卷风便接踵而至。云的形成过程变幻莫测，因此云也成了地球大气圈中最难预测的一个气象要素，而云层变化也成了预测人类活动引起的未来气候变化的准确程度的最大影响因素之一。

3秒钟事件

云是我们天空中最显眼、最美丽、瞬息万变的存在之一，然而，关于云卷云舒、云起云散，还有许多秘密有待我们去发现。

3分钟循环

水蒸气不会自发地凝结成云，而是凝结在颗粒物上，例如，海盐或空气污染物。同样，云滴在−40 ℃左右才会自发冻结，但冻结也可以由更罕见的颗粒子集（例如沙漠尘粒）在更高温度条件下触发。这意味着，云层将多少阳光反射回太空或降下多少雨，不仅由天气决定，也由颗粒物的数量和类型决定。

相关话题

另见

云与颗粒物的影响 第40页
水文循环 第50页
水蒸气与湿度 第52页
降水 第56页

3秒钟人物

卢克·霍华德
Luke Howard
1772—1864
英国化学家、业余气象学家，创建了云的命名系统。

本文作者

约翰·马香
John Marsham

云是大气中可见的固态或液态水团。从云中落下的降水会把水带到地球表面，或在下降过程中蒸发，使水回到大气中。

降水

30秒探索气候的力量

所有形式的降水都会将云中的水带回地表。形成雨水的过程可能会被想当然地认为是云滴生长，然后落下，但事实上这是一连串过程的结果，而其中的细节仍然未经证实。一个云滴的直径大约为10微米（约为人类头发直径的十分之一）。水蒸气在云滴上凝结成直径1毫米的雨滴，需要极其漫长的时间。事实上，云通常先在其内部生成冰晶，然后形成降水。这些冰晶会以牺牲周围的云滴为代价优先生长，但上升气流使得云滴与冰晶可以一起存在。坠落的冰晶会收集更多的冰晶或云滴。这可能会形成雪，或被称为“霰”的白色颗粒，因为冰晶收集到的云滴接触冰晶时也结成了冰。雪或霰在降落过程中可能会融化成雨滴，雨滴又会在降落过程中卷起其他云滴。在雷暴中猛烈上升的气流会使大颗粒物停留在高空，云滴中的液体会冻结成固态冰，冰雹就会顺应而生。随着地球因气候变化而变暖，温暖的空气中可以容纳更多的水蒸气，倾盆大雨和洪水就更加多发了。

3秒钟事件

降水指的是所有从云中落下的液态或固态水，对我们大多数人来说最熟悉的降水类型是雨，但也包括雪、冰雹和霰等。

3分钟循环

雨水也可以在无冰的云层中形成，但是由于每形成一个雨滴需要大约100万个云滴，因此这种情况事实上很难发生。同时，降水形成的过程仍有很多不为人知的细节：一些雨滴可能会蒸发，让剩下的雨滴更快地生长；强烈的气流可能会使碰撞更加激烈；而特别大的颗粒物（例如海盐）可能会促使更大的雨滴形成。不管确切的过程是什么，一旦形成足够大的雨滴，雨滴在落下的过程中就会发生更多碰撞，就会进一步生长，这是一种“雪球效应”——虽然此时下的是雨而不是雪。

相关话题

另见

热辐射与温室效应 第38页
水文循环 第50页
云与风暴 第54页
全球变暖 第112页

3秒钟人物

乔安妮·辛普森
Joanne Simpson
1923—2010

美国气象学家，指出了对流云如何控制热带大气圈的能量平衡。

本文作者

约翰·马香

任何陆地区域的降水量都是决定该区域适合哪类动植物生存的关键因素。

1849 年 1 月 8 日
出生于俄罗斯帝国尼古拉耶夫（今乌克兰米科拉耶夫）

1859 年
入读海军学校

1863 年
加入俄罗斯帝国海军，成为海军学员

1865 年
从海军学校毕业

1870 年
发明了防撞垫，可用于封堵船体上的漏洞

1881 年至 1882 年
指挥驻扎在君士坦丁堡的“塔曼”号（Taman），并进行水文研究

1885 年
发表博斯普鲁斯海峡（Bosporus Strait）洋流研究报告

1886 年
乘坐“勇士”号（Vityaz）开启环球探险、海洋研究之旅

1890 年
晋升为海军少将，成为俄罗斯海军历史上最年轻的少将

1898 年
世界上第一艘极地破冰船“叶尔马克”号（Yermak）下水，该船由马卡罗夫监制、在英国泰恩赛德（Tyneside）建造

1899 年
创造了船舶到达的最高纬度的世界纪录：斯匹次卑尔根岛以北的 81°21′N

1904 年 4 月 13 日
日俄战争期间，在中国沿海遇难

斯捷潘·马卡罗夫

STEPAN MAKAROV

最早使用破冰船来促进北冰洋研究的人是俄罗斯海军少将斯捷潘·马卡罗夫。他擅长工程研究，加之他对海洋永不停息的好奇心，为我们打开了极地海洋的世界。他孜孜不倦，潜心科研，为我们提供了最早的关于海洋水域变化的数据，这些变化驱动着洋流，控制着海洋环流。

马卡罗夫于1849年出生于尼古拉耶夫（今乌克兰米科拉耶夫），是俄罗斯帝国海军一位退休的普通船长的儿子。在他10岁的时候，父亲就把他送进了海军学校。他对海洋一往情深，并决定献身海军事业。

在服役期间，他发现自己有发明的天赋——他的第一项发明是防撞垫，用于封堵船体上的漏洞。19世纪80年代初，在驻扎博斯普鲁斯海峡（连接黑海和马尔马拉海的狭窄海峡）时，他证明了海水中存在很强的逆流。他指出洋流是由海洋之间的密度差异造成的，并与不同深度的温度和盐度差异有关。为了验证这项发现，马卡罗夫自主设计了洋流测速仪。

1886年，他登上“勇士”号，开启了为期33个月的环球航行。在此期间，他指导船员对海水进行了详细的观测，对25米至800米深度的海水密度和温度都进行了测量。根据此次航行的观测记录以及在航行中收集的其他数据，马卡罗夫制定了有史以来第一张北太平洋水温表。

马卡罗夫一直渴望研究北极水域。为此，他设计了世界上第一艘极地破冰船：一种船体经过强化的船只，可破开深达2米的坚冰。他的第一艘破冰船“叶尔马克”号于1898年下水，进行了从泰恩河畔的纽卡斯尔到斯匹次卑尔根岛的首航。“叶尔马克”号成为破冰船的典范，而且事实证明破冰船对极地科学研究以及开辟新的贸易路线至关重要。

1904年，在日俄战争期间，马卡罗夫指挥的船只“彼得罗巴甫洛夫斯克”号被鱼雷击中，马卡罗夫因此阵亡。他死后，“叶尔马克”号又服役了60年，最后于1964年报废。

克莱尔·阿舍

沙漠

30秒探索气候的力量

沙漠有冷有热，冷沙漠位于极地，但提到“沙漠”，我们通常想到的是炎热、干燥，最常见于亚热带的一些地区，哈得来环流中空气沉降于此。空气沉降导致升温和干燥，抑制了云和雨的形成。在这些低纬度地区，日照强烈，云层稀少，土壤处于炙烤状态，由于干燥，空气也处于加热而非蒸发状态。这种加热反过来又会导致气压降低，形成“热低压”，从而吸引空气流入。一个典型的例子是西非季风：来自大西洋的潮湿空气被撒哈拉沙漠的夏季热低压所吸引。也许出乎意料的是，撒哈拉沙漠向大气排放的热量比它从阳光中吸收的热量要多，其中的差额被沉降的空气带入该地区的热量所弥补。由于沙漠普遍缺水，所以水对于沙漠弥足珍贵。水蒸气和云吸收地球表面发出的红外辐射，因此在沙漠中，只要多一点点水，散逸到太空的热量就会受到很大的影响。沙漠地区热流滚滚，因此云的形成也出乎意料地频繁。来自这种云的雨水通常在下降过程中就会蒸发，冷却空气，导致密集的冷空气下降到地表并扩散，造成巨大的沙尘暴或“哈布尘暴”。

3秒钟事件

沙漠干旱无比，植被稀少，可以存活下来的只有抗旱植物，因此沙漠堪称全球最不宜居的地方。

3分钟循环

沙漠中被哈布尘暴和其他强风掀起的沙尘影响了整个地球的气候。沉积的沙尘会使雪和冰变黑，加速融化。被输送到世界各地的沙尘能反射太阳光、吸收红外辐射，使得云层中的水结冰，并向森林和海洋输送重要的营养物质，将地球上最大的沙漠撒哈拉沙漠与亚马孙雨林的巨大碳库联系起来。

相关话题

另见
全球大气环流 第16页
气候类型 第20页
热辐射与温室效应 第38页
极端天气气候事件 第120页

3秒钟人物

佩弗里尔·梅格斯三世
Peveril Meigs III
1903—1953
专门研究干旱地区的美国学者，有趣的是，他将地形地貌与原住民的生活方式联系在了一起。

本文作者

约翰·马香

许多人认为沙漠是炎热的、干燥的，但沙漠也可能是寒冷的，其关键特征是干旱和由此形成的稀疏植被。

海冰

30秒探索气候的力量

每年，极地地区冬季的阳光会慢慢减弱，直至消失，当海水冷却到冰点温度时，海洋就会结冰。在南极洲，南大洋从大陆向外冻结，在冬末扩大到方圆约1450万平方千米，而夏季海冰面积则缩减到年最小值：约190万平方千米。北极的季节性周期相对来说稍微不那么明显，每年的海冰面积在360万至400万平方千米之间。北极的海冰受到了环绕北冰洋的大陆的限制，但海冰仍然延伸到中纬度地区的次极地海域。有些海冰是固定冰，但在开放的海洋中，海冰会随着洋流和风移动。这种持续的运动可以使冰盖破裂，形成开放的水域“冰间湖”，以及浮冰之间的线状裂缝，形成一个复杂的、不断变化的冰与水的多彩世界。海冰对世界气候影响深远，因为海冰反照率很高，且它的作用更像陆地而非海洋，无法调节温度或向大气提供热量和水分。

3秒钟事件

海冰是一层薄薄的冰冻海水，当温度降低到盐水的冰点时，海冰就会在高纬度地区形成。

3分钟循环

一年冰厚达2米，这是通过热力学生长过程从海表往海底冻结而成的。世界上大多数的海冰每年都会经历形成和消退，但多年期的冰占北极地区冰的30%左右，厚度达到10米或以上。迄今为止，尽管全球气候不断变化，但南极的海冰变化极小，而北极的海冰一直在减少。自20世纪70年代以来，夏末的冰层范围每10年缩减约13%。

相关话题

另见

全球海洋环流 第18页
冰川与冰盖 第64页

3秒钟人物

皮西亚斯
Pytheas
公元前350—前285

希腊航海家、天文学家和人类学家，其著作《论海洋》（公元前325）中含有关于海冰的首次观测记录。它与午夜太阳一道记录于“北大西洋极地探险”一章中。

诺伯特·翁特斯泰纳
Norbert Untersteiner
1926—2012

海冰物理学家，1957年任北极冰站阿尔法站（西方的第一个漂流冰站）站长；编有《海冰地球物理学》（1981）一书，该书被誉为科学认识海冰的现代奠基之作。

本文作者

肖恩·马歇尔
Shawn Marshall

海冰范围是气候变化最明显和最敏感的指标之一。

冰川与冰盖

30秒探索气候的力量

地球上大约有20万处冰川、冰帽和冰盖，覆盖了陆地表面的10.5%。这些冰体蕴含的淡水占地表淡水的99%以上，如果它们全部融化，足以使全球海平面上升64米。这些冰体大部分存在于南极洲和格陵兰岛的冰盖中。其他较小的冰川和冰盖蕴含的淡水只占冰川与冰盖水资源总量的1%，但它们点缀着世界上大多数的山区，在水资源和山区文化中发挥着重要作用。冰川的冰是由降水形成的：经过几十年甚至几千年的降雪累积而成。令人难以置信的是：轻轻飘落到地面的雪花居然可以凝聚成一个厚达4千米的冰洲，如南极洲。随着时间的推移，雪在自身重量的重压之下压缩并重新结晶，形成冰川冰。当冰川变得足够厚或陡峭时，它们在重力作用下通过非线性黏性形变的过程流动。冰川也可以通过基底流动，在基岩上滑动或由于冰川下沉积物的变形而前进。近几十年来，由于温度上升，在全球范围之内，冰川一直处于消退状态，到了21世纪，许多山岳冰川预计将不复存在。

3秒钟事件

冰川和冰盖是由冰、水、雪、沉积物和岩石等物质通过黏性形变移动下滑形成的常年存在的冰块。

3分钟循环

冰川与气候有着千丝万缕的联系。冰川消退标志着气候发生了变化，同时它们也是气候系统中的活跃分子，能改变地球的能量收支、表面特性、大气环流和水文循环。南极洲的深层冰可以追溯到近100万年前，在那里发现的冰样有270万年的历史，比第四纪冰期还要早，因此提供了丰富的气候条件档案。

相关话题

另见
海冰 第62页
古气候 第106页
海平面 第122页

3秒钟人物

路易斯·阿加西斯
Louis Agassiz
1807—1873
瑞士自然学家，他在1840年出版的《冰川研究》一书中提出了令人信服的地质学证据，证明欧洲和北美洲经历过冰川时期。

约翰·弗雷德里克·奈
John Frederick Nye
1923—2019
英国物理学家，阐明了描述冰川流变学、应力平衡和流动的方程式，该方程式是当今所有冰川学模型的基础。

本文作者

肖恩·马歇尔

冰川和冰盖的年龄从数百年到数百万年不等，是创建长期气候记录的关键。

生命与生物地球化学循环

术语

生物量 生物量是指一个环境或地区中所有生物体的总质量。它可以在种群、物种或全球尺度上计算，也可以在食物链的某一营养级计算。一个营养级的生物量决定了高一级营养级的生物可利用的生物量。见**营养级**。

顶极群落 在未受干扰的环境中“演替”的最终结果。顶极群落是一个稳定的生态系统，在不受干扰的情况下，将无限期地存在下去。顶极群落被认为是在没有火灾、放牧、气候变化等因素影响的情况下，从裸岩上的早期外来动植物演变而成的整个森林生态系统。

生态圈 “生态圈”是指地球上所有生物之间以及生物与环境中的非生物成分（如空气、水、土壤等）之间相互作用的空间。

总初级生产量 从光合作用中产生的作为生物质的总化学能量。其中一些化学能量将在呼吸作用中被消耗；其余的将作为有机物存储，称为净初级生产量。总初级生产量受可利用太阳能的影响。

水圈 地球上所有水的总和。这包括江、河、湖、海中的水，以及大气和地下存储的水分。在蒸发和降水的驱动下，水通过水文循环在水圈的不同组成部分之间流动。

岩石圈 一个星球的坚硬外层被称为岩石圈。在地球上，岩石圈包括历经数千年而恒久不变的地壳和上地幔的一部分。岩石圈被划分为构造板块，它们可以在地质时间尺度上移动。岩石圈的上部（地壳）与大气圈、水圈、生物圈相互作用。见**水圈**。

营养级 生物体在生态系统食物链中所处的层次（根据其在生态系统的能量循环中的位置进行分类）。植物和藻类通过光合作用产生生物量，这些生物体代表第一营养级——生产者。食草动物是第二营养级——它们以生产者为食，以促进自身运动和生长。食肉动物是最高营养级，以食草动物或其他食肉动物为食，以产生其生物量。

城市热岛 平均而言，城市温度往往比周围环境的温度高1 ℃～3 ℃，这是因为城市温度受多种因素影响，如人口密度、建筑物和交通网络排放的热量、高楼大厦对风的阻挡等。这种种因素共同导致了“城市热岛效应”。

生物圈

30秒探索气候的力量

生物圈是地球上所有生物及其自下而上的环境的总和。人们认为，它是由简单的有机物在42亿年前到35亿年前自发地组成可自我复制的分子后演变而来的。“生物圈”也指地球的宜居区或圈层，它在陆地和海洋上下都延伸了数千米。它是地球的四大地球化学组成部分之一，其他部分包括地壳（岩石圈）、水（水圈）和空气（大气圈）。生物体从根本上改变了岩石圈、水圈和大气圈。例如，第一批可进行光合作用的生物体将大量的氧气释放到大气圈中，从而使依赖氧气的物种得以进化和多样化，并为更高的生命形式铺平道路。植物燃烧释放的二氧化碳和湖泊中因藻类大量繁殖而耗尽的氧气是生物圈与地球地质组成部分持续互动的例子。科学家可以交替使用“生物圈”和“生态圈”这两个术语来描述生物和非生物之间的相互作用。在地理上，生物圈被细分为生物群落——具有类似生态系统的区域，如草原、雨林或苔原，这种分类由一个地区的温度、降雨量和纬度决定，进而又决定了哪些动植物存在于这些区域。

3秒钟事件

生物圈容纳了从大熊猫到浮游生物在内的所有生物。地球上的大多数生物是微生物，微生物的数量可能大大超过动植物的总量。

3分钟循环

生命是在地球形成后约5亿年才演化出来的，最早的生命证据保存在格陵兰、澳大利亚和加拿大的岩石中。原始生物圈留下了化学线索，如含有低水平碳13的石墨，以及微生物的微化石和微生物垫——微生物菌落的宏观化石。科学家在研究40多亿年前的岩石时，不断发现更古老的化石，从而把生命起源的时间也不断向前推进。

相关话题

另见
地球辐射平衡 第32页
水文循环 第50页
生态系统 第72页

3秒钟人物

爱德华·聚斯
Eduard Suess
1831—1914
奥地利地质学家，率先提出“生物圈”一词，并提出存在新元古代超大陆冈瓦纳古大陆和特提斯海的假说。

弗拉基米尔·韦尔纳茨基
Vladimir Vernadsky
1863—1945
俄罗斯及苏联矿物学家、地球化学家，提出生命是一种塑造地球的地质力量。

本文作者

克莱尔·阿舍

地球拥有一个独特的从微观到宏观无所不包的生物集合体：生物圈。

生态系统

30秒探索气候的力量

生态系统是一个由相互作用的生物和其环境的非生物成分组成的网络。它包括所有的生物，从微生物到哺乳动物，以及非生物成分，如空气、土壤、水和气候等。生态系统的特点是生物之间的能量和营养可流动。气候和纬度决定了一个生态系统中可利用的太阳能和水，后者又决定了哪些动植物能够在该生态系统中生存下来。生态系统中的生物根据其在能量循环中的位置被划分为不同的营养级。植物和藻类构成第一营养级，通过光合作用将太阳能引入生态系统。食草动物是第二营养级，通过获取植物中存储的能量生存。食肉动物构成最高营养级，以食草动物或其他食肉动物为食。一个生态系统中很少超过4个营养级，因为每一个营养级都会浪费一些能量，所以营养级越高可支持的生物个体越少。一个生态系统的生产力可以用光合作用产生的有机物的总产量来衡量，即总初级生产量。热带生态系统的总初级生产量往往更高，因为热带地区太阳能充沛。

3秒钟事件

生态系统是由生物和非生物成分——植物、动物、土壤、水、空气和气候等组成的互动单位，通过能量和营养循环联系起来，创造出一个特定的环境。

3分钟循环

将非本土物种引入一个生态系统会破坏历经数百万年演变而成的能量和营养循环。随着全球贸易和旅游行业的蓬勃发展，非本土物种的意外传播急剧增加，现在有数以万计的物种惊现于其原产地之外。一些非本土物种在新生态系统中占据了主导地位，取代了本土物种并改变了能量和营养循环。这些有害的非本土物种被称为“入侵物种”。

相关话题

另见

水文循环 第50页
气候模型 第94页
对自然系统的影响 第126页

3秒钟人物

阿瑟·坦斯利
Arthur Tansley
1871—1955
英国植物学家，创造了“生态系统”一词，并强调了能量和营养循环的重要性。

乔治·伊夫琳·哈钦森
George Evelyn Hutchinson
1903—1991
美国生态学家，其所开展的湖泊生态系统的相关实验证明了能量是如何在营养级之间流动的。

本文作者

克莱尔·阿舍

世界上有无数的生物微观世界，它们与物理环境息息相关。

森林

30秒探索气候的力量

森林是以树木为主的环境，因其茂密的树冠而与林地和草原有较大差异。森林分为四层：林地、林下层、树冠层和水生层。森林生态系统因温度、降雨量和纬度而各不相同。极地地区是寒带森林的家园，其主要树种是针叶树，如松树和云杉；温带森林常见于中纬度地区，其中包括阔叶树和针叶树组成的混合林，几乎没有林下层；赤道地区则是各种热带森林的家园，包括季风森林、水上森林和云雾森林等。海拔与纬度有类似的影响，高海拔地区容易形成比较冷的栖息地“天空之岛”，可以隔离种群，有利于新物种的进化。地球上最早的森林出现在“晚泥盆纪”，距今约3.82亿年，当时一种“古羊齿属”树状蕨类植物遍布全球。古羊齿属是落叶植物，每年都会落叶，树叶分解之后为原始森林提供肥料。生长中的森林吸收大气中的碳，并将其转化为自然物质。作为碳汇，森林的碳捕集可以抵消人为温室气体排放。相反，砍伐森林会将碳释放回大气中。

3秒钟事件

森林是地球上最常见的陆地生态系统，其覆盖面积占陆地总面积的30%，负责陆地上75%的光合作用。

3分钟循环

未受干扰的生态系统可能通过“演替”过程演变。在这个过程中，每个阶段存在的物种都会为新的群落的形成铺平道路。例如，地衣在裸露的岩石上生长并帮助土壤形成，使植物能够扎根。许多陆地生态系统，如草原，通过演替最终将形成一个森林生态系统。有规律的小规模干扰，如放牧、极端天气气候事件（如干旱、风暴、林冠火）和伐木等，都会阻止陆地生态系统通过演替形成稳定的森林生态系统。

相关话题

另见
气候类型 第20页
生态系统 第72页
碳循环 第80页

3秒钟人物

迪特里希·布兰迪斯
Dietrich Brandis
1824—1907
德裔英国植物学家，开发了森林管理和保护技术，被誉为“热带林业之父”。

弗雷德里克·克莱门茨
Frederic Clements
1874—1945
美国植物生态学家，提出如果不受干扰，生态系统在演替之后将形成稳定的顶极群落。

本文作者

克莱尔·阿舍

落叶林、常绿林和混合林覆盖了大约三分之一的地球陆地表面。

小气候

30秒探索气候的力量

3秒钟事件

小气候是指地表附近的一整套与周围地区的大气条件不同的局部大气条件。

3分钟循环

长期以来，为了促进农业和社会发展，人们一直在利用小气候。规划者可以利用水体来给周边环境降温，可以通过精心种植植物或增加楼间距来提高城市街道的能源效率，从而达到冬暖夏凉的效果。

“小气候”一词在20世纪50年代开始流行，它的意思是：相对于周围地区而言，某个小区域或有限区域有独特的温度、湿度和气流。局部地区因其坡度、坡面、土壤类型、土地利用情况或植被与众不同，在以上因素的共同作用下，地表和大气之间的辐射、热量和水分交换发生了变化，导致地表出现了不同的小气候。小气候可以决定植物在哪里长势最好，例如，在农业地区，种植在不同田地里的农作物长势不同，巧妙地改变了当地的风向，葡萄园和果园则建在可以从太阳光中获得更多热量的斜坡上。在城市中，道路和建筑物所用的材料一般来说分别是沥青和砖头，这些材料白天吸收热量，晚上缓慢释放热量，因此产生了“城市热岛效应”。在同一座城市之中，热岛效应也各不相同。小气候通常只存在于离地面几米的地方：在更高的地方，由于大气混合和更大规模的大气过程，小气候特有的温度、湿度和气流差异就消失了。

相关话题

另见
城市气候 第78页
全球变暖 第112页

3秒钟人物

鲁道夫 · 盖格尔
Rudolf Geiger
1894—1981
德国气候学家，于1927年出版了颇具影响力的著作《近地层气候》。

约翰 · 蒙蒂思
John Monteith
1929—2012
英国农业气象学家，将植物生物物理过程纳入蒸散模型和农田小气候。

本文作者

休 · 格里姆蒙德
Sue Grimmond

地球表面是由不同的地形和植被类型组成的拼图，因此有了独具特色的小气候，只要管理得当，小气候即可为人类所用。

城市气候

30秒探索气候的力量

目前，世界上大多数人生活在城市之中，预计到2050年城市人口占总人口的比例将接近65%～70%。建筑物、道路和其他基础设施材料，以及不断变化的城市地表构造，改变了能量和水的交换形式与空气流动方式。建筑物和交通网络排放的额外热量、二氧化碳和污染物也造就了独特的城市气候，使城市比周围的乡村更热、更干燥、空气质量更差。建筑林立，扰乱了气流的流向，也对气流起到了加速的作用。由于受热量过剩和高楼大厦的影响，上升的空气增加，形成了对流和云层，改变了降雨方式。城市气候最著名的特征是“城市热岛效应”：城市比周围农村地区的温度平均高1 ℃～3 ℃，在某些情况下，温度可能会高出10 ℃。在局部地区，城市对气候的影响比我们预计的全球范围内的气候变化更为严重，城市居民也更容易受到全球环境变化的影响。重新规划城市建筑与交通，减少污染，对于直接和间接缓解更广泛意义上的环境变化意义深远。

3秒钟事件

城市气候有别于其周边的农村地区，原因是城市地表建筑材料、构造、热量和温室气体排放不同于农村。

3分钟循环

卢克·霍华德是城市气候研究先驱，他出版了两卷本《伦敦气候》（1818—1820）。书中记录了每日风向、气压、最高温度和降雨量等气象要素的观测结果。霍华德是最早明确提出“城市热岛效应”的科学家之一，他证明了伦敦的温度比周围农村地区的温度要高。他对城市变暖原因的分析已被证实大体是正确的。

相关话题

另见

热辐射与温室效应 第38页
小气候 第76页
全球变暖 第112页

3秒钟人物

卢克·霍华德
Luke Howard
1772—1864
英国业余气象学家，终其一生，对气候和大气现象研究都有着浓厚的兴趣。

威廉·P.劳里
William P. Lowry
1972—1998
生物气候学家，为评估城市地区对温度和其他大气现象的影响提供了框架。

本文作者

休·格里姆蒙德

城区温度各不相同：市中心夜间温度较高，靠近水体的城区往往冷热适中。

碳循环

30秒探索气候的力量

3秒钟事件

“碳循环”是指通过自然过程和人类活动在地球大气圈、海洋、陆地生物圈和地质储层之间进行的碳交换。

3分钟循环

自工业革命以来，由于化石燃料燃烧、森林砍伐等人类活动，大气中的二氧化碳浓度已经增加了40%以上。如果没有海洋和陆地上的植物与土壤，大气中二氧化碳的浓度将增加80%之多，植物与土壤从大气中捕集的碳抵消了大约一半的碳排放。随着气候变化愈演愈烈，植物与土壤捕集的碳将进一步减少，影响将进一步加剧。

地球上的大部分碳被稳定地锁在地质储层（如石灰岩）中，不过仍有为数不多但至关重要的碳在大气、海洋和陆地生物圈之间积极交换，其交换方式主要包括物理、生物和化学过程，动植物活动和人类活动。在大气圈中，碳主要以二氧化碳的形式存在，它是仅次于水蒸气的第二大温室气体。大气圈中的碳还以甲烷和其他各种化合物的形式存在，这些化合物也是主要的温室气体，在大气化学中举足轻重。每年，大气中大约25%的二氧化碳被植物通过光合作用吸收或被海洋表层海水溶解。然而，几乎有同样数量的二氧化碳通过陆地动物的呼吸作用和森林火灾被释放到大气中，还有部分二氧化碳在被海洋表层海水溶解时逃逸。这说明地球上每年都有大规模的碳循环。地球的气候和碳循环是密切相关的。大气中二氧化碳浓度的变化改变了温室效应的强度，而气候的变化改变了海洋和生物圈吸收与释放二氧化碳之间的平衡。重要的是，人类活动导致大气中的二氧化碳和甲烷增加了。

相关话题

另见
热辐射与温室效应 第38页
气候强迫因子与辐射强迫 第116页
气候预测 第134页
迈向零碳 第136页

3秒钟人物

冯又嫦
Inez Fung
1949—
华裔美国气候学家，推导出陆地碳汇并率先通过气候模型进行演示。

本文作者

希瑟·格雷文
Heather Graven

人类活动释放到大气中的一些碳会被大气、海洋、植物和土壤之间的自然碳循环所捕集。

1928 年 4 月 20 日
出生于美国宾夕法尼亚州斯克兰顿市

1948 年
毕业于伊利诺伊大学，获得化学学士学位

1953 年
毕业于伊利诺伊州西北大学，获得化学博士学位

1953 年
开始在位于加利福尼亚州帕萨迪纳的加州理工学院从事博士后研究

1956 年
加入斯克里普斯海洋研究所

1958 年
开始在夏威夷莫纳罗亚天文台连续监测大气中的二氧化碳浓度

1961 年
公开了显示大气中二氧化碳浓度不断上升的数据，这些数据后来被称为“基林曲线”

1981 年
获颁美国气象学会第二个半世纪奖

1997 年
在白宫举行的仪式上被美国副总统阿尔 · 戈尔授予特别成就奖

2002 年
获得美国总统乔治 · W. 布什颁发的国家科学奖章

2005 年 6 月 20 日
在美国蒙大拿州逝世

查尔斯·戴维·基林

CHARLES DAVID KEELING

美国地球化学家查尔斯·戴维·基林是第一个拿出大气中二氧化碳浓度上升的确凿证据的人，之后国际社会纷纷使用“基林曲线”来说明人类活动是导致气候变化的根本原因。基林所供职的夏威夷莫纳罗亚天文台拥有世界最长的大气二氧化碳浓度连续记录，为现代气候变化研究提供了一个重要的基准线。

基林本科时期在伊利诺伊大学学习化学，1953年在伊利诺伊州西北大学获得博士学位后，在加州理工学院从事地球化学博士后研究。正是在加州理工学院，他研发了第一台能够测量大气样品中的二氧化碳浓度的设备。他在加州海岸的大苏尔（Big Sur）露营时试用了新设备，发现二氧化碳浓度从早变到晚，他还将此与植物呼吸的日常波动联系了起来。

1958年，基林获得了国际地球物理年资助，开始在夏威夷莫纳罗亚火山研究基地工作。夏威夷盛行风从对流层（99%的水蒸气和气溶胶所在的大气圈）将未受到附近城市影响的优质空气带到了太平洋中部。

在夏威夷仅仅收集了2年的数据之后，基林就发现了二氧化碳浓度的巨大季节性变化：在北半球冬季结束时达到顶峰，在春季随着植物吸收二氧化碳以促进生长而下降。基林的数据显示，北半球由于土地相对南半球较多，植物也相对较多，对二氧化碳浓度的影响更大，在全球大气模式中留下了北半球季节性变化的印记。

但基林的测量结果也揭示了一个重要的整体趋势，即大气中二氧化碳浓度正在逐年稳步上升。1961年，他发表了相关研究结果。从观测站启用到2005年基林去世，莫纳罗亚的大气二氧化碳体积分数从315×10^{-6}增加到了380×10^{-6}。这一增幅与化石燃料的排放有关，为全球气候变化提供了一些令人信服的证据。

克莱尔·阿舍

观测与建模

术语

厄尔尼诺 太平洋洋面温度和气压经历着周期性变化，这种变化会导致厄尔尼诺-南方涛动（ENSO）。“厄尔尼诺”一词直译自西班牙语，意为“圣婴”，通常指这个周期的暖位相。在此期间，热带太平洋中部和东部比往常更加温暖。见**南方涛动**。

全球大气观测计划 一项监测地球大气变化趋势的全球计划，由世界气象组织于2012年发起。其目标是提供关于大气化学成分的可靠数据，并监测自然和人为因素导致的变化。全球大气观测计划主要关注气溶胶、温室气体、臭氧、紫外线辐射和降水变化。见**世界气象组织**。

同位素 一种化学元素总是有相同的质子数，但其中子数可以有所不同——具有相同质子数、不同中子数的同一元素的不同核素互为同位素。同位素可以是稳定的或放射性的。放射性同位素是不稳定的，随着时间的推移会慢慢失去中子、质子或电子，以可预测的速度“衰变”成另一种同位素或元素。稳定同位素不随时间变化，可以用来推断过去的环境条件。例如，氧有两种同位素：氧16和较少见的氧18。当气候变暖时，大气中的氧18的浓度往往会增加，所以被困在冰芯中的氧同位素的比例可以告诉我们冰形成时的温度。

磁层 行星体的磁层是其磁场的影响范围。地球的磁场是双极的，南北两极周围的磁场最强。在地球磁层之外，颗粒物主要受太阳磁场的影响。地球的磁层被太阳风所扭曲，向阳的一侧被压扁，背阳的一侧则形成尾巴。

元数据 每一个被收集的数据都附带有相关的元数据，即一组与数据收集相关的信息，如：数据是谁收集的？收集于何时何地？是如何收集的？元数据对于了解所收集的数据的来龙去脉至关重要。

无线电遥测 遥测是指自动收集偏远或无法到达的地方的数据，并用无线传输的方式将数据传输给接收站。无线电遥测则使用无线电波来传输数据。

声呐仪 一种可自动传输周围环境数据的探测仪。无线电探针用于气象气球上，收集不同层次的大气结构数据，并使用无线电波将数据传输给地球上的地面接收器。见**无线电遥测**。

南方涛动 太平洋的洋面温度振荡受到厄尔尼诺-南方涛动的影响，也与热带太平洋东西部地区的气压变化有关。在厄尔尼诺出现的时期，较高的洋面温度影响风的强度和方向。在冷位相拉尼娜出现的时期，洋面温度下降，赤道上的东风变得更强劲。厄尔尼诺-南方涛动周期并不固定，平均每3至7年在厄尔尼诺和拉尼娜之间来回摆动一次。

平流层 位于对流层之上的大气层称为平流层，从对流层延伸到离地表约50千米的平顶。它的存在是臭氧和氧气吸收太阳紫外线辐射的结果。在平流层内部，温度随着高度的增加而增加。平流层是一个非常稳定的圈层。

对流层 地球大气圈的最低层称为对流层。大多数天气活动发生在这里，这是因为对流层是大气圈中密度最大的部分，其质量至少占大气质量的75%，包含了大气中99%的水蒸气与气溶胶。在热带地区，对流层距离地表约18千米，而在极地地区仅约8千米。在对流层中，温度随着高度的增加而降低。对流层和平流层之间的交界处，即位于对流层上方的温暖的稳定层称为“对流层顶”。

世界气象组织 世界气象组织是联合国政府间机构，成立于1950年，旨在促进合作和协调，监测地球大气圈的状态和活动及其与陆地和海洋的互动。世界气象组织现有187个国家会员和6个地区会员，共同维护着一个由人工气象站和自动气象站组成的全球气象观测网络。

气象站

30秒探索气候的力量

目前全球有超过10000个陆地气象站和差不多数量的船只与浮标分别进行陆地和海洋气象观测，不断提供气象信息。大多数气象站仅提供气压、温度、湿度、风速和风向等基本信息，部分气象站还提供云量、能见度和空气质量等更多、更详细的信息。这个全球气象观测网络由世界气象组织进行全球协调，具体信息由国家会员和地区会员的气象部门向世界气象组织报送。通过汇总全球各地的数据并将其输入计算机模型之中，气象部门的预测水平得以提升。过去采用的是人工记录，现在尽管有些地方仍是如此，但大多数观测是自动完成的，而且数据会源源不断地传输到数据库中。雷达可用于检测降水，并能区分液态和固态降水。现在许多国家和地区都有这样的网络，它们为天气预报员提供了宝贵的数据，公众也可以通过天气应用程序使用这些数据。还有其他监测大气变化信息的网络，例如，全球大气观测计划监测大气中二氧化碳和甲烷的浓度，局地监测网监测城市地区空气质量。

3秒钟事件

气象站遍布我们星球的陆地和海洋，形成了一个全球气象观测网络，它可以提升天气预报的准确性，并汇报气候变化情况。

3分钟循环

虽然大气测量仪早在文艺复兴时期就有了，但气象站网络的发展却在电报发明之后。电报使全球快速通信成为可能，这在历史上还是头一回。1860年，英国海军副司令罗伯特·菲茨罗伊利用新的电报系统将英国各地的观测数据汇总在一起，制作出了第一张天气图，发出了第一次风暴预警。从那时起，气象站观测一直是气象学的关键。

相关话题

另见

卫星 第90页
气球、飞机与火箭 第92页
数据整理 第98页

3秒钟人物

罗伯特·菲茨罗伊
Robert Fitzroy
1805—1965

英国皇家海军军官，在查尔斯·达尔文探险期间担任“贝格尔”号舰长；后创建英国气象局。

本文作者

休·科
Hugh Coe

长期以来，气象站的任务是提供气象信息。现在，全球各地的气象站已实现全球联网，为全球天气预报和气候变化研究提供信息。

卫星

30秒探索气候的力量

观测卫星使我们能够测量海洋表面温度，监测全球和区域温度变化，了解大气中的污染物，测量云量和降水量。卫星从太空中向我们展示地球，并通过测量地球表面和大气圈的辐射量或地球反射的太阳光来获取信息。对地静止卫星是以地球自转的速度绕地球公转的卫星，可连续观测地球表面同一个部分。极轨气象卫星位于较低的轨道上，相对于对地静止卫星而言，它们在观测大气圈时分辨率更高，不过，它们无法提供大气圈的连续图像，因为地球在下方旋转时，它们只能沿着通过两极的轨道运行。地球大气圈允许某些波长的光通过而不被吸收，其他光则被气体、颗粒物或云大量吸收或散射。地球表面和大气圈的红外辐射量取决于温度。光与大气圈的不同相互作用可用于获得有关温度、水蒸气和痕量气体的垂直结构的信息。

3秒钟事件

如今，卫星在太空中为我们提供了观测大气圈的连续的、全球性的视角。作为一种重要工具，卫星使我们得以跟踪天气系统、监测全球气候变化。

3分钟循环

过去40年来，观测卫星提供的数据已用于绘制全球大气温度图，并呈现了全球和区域大气变化的详细情况。从探测到的结果来看，我们几乎可以肯定的是：自20世纪中叶以来，对流层低层大气温度已经上升，而平流层低层已经变冷，地表温度上升最快的是北极地区。

相关话题

另见

气象站 第88页
气球、飞机与火箭 第92页
数据整理 第98页
全球变暖 第112页

3秒钟人物

詹姆斯·范艾伦
James van Allen
1914—2006

美国空间科学家，在将科学研究仪器装载到卫星的研究中发挥了举足轻重的作用；地球磁层中的“范艾伦辐射带”就是以他的名字命名的。

本文作者

休·科

携带大气探测仪的卫星已实现对全球天气和气候要素的全覆盖，其探测数据已用于改进实时预测模型。

气球、飞机与火箭

30秒探索气候的力量

3秒钟事件

气球、飞机与火箭都被用来研究大气圈的垂直结构以及其中的云和污染物。

3分钟循环

在20世纪80年代末，美国国家航空航天局DC-8和ER2科考飞机上搭载的仪器探测了南极上空平流层的化学成分，探明了每年春天臭氧灾难性损失的原因。探测结果表明，南极臭氧洞是通过在非常低的温度下形成的冰颗粒表面的活性氯化合物的催化作用而形成的。如果没有这样的直接探测，我们是不可能认清重要的天气机制的。

地球大气圈无论在垂直方向还是水平方向上，都是千变万化的。1750年，美国革命家、外交家和发明家本杰明·富兰克林将风筝放飞到云层，证明了闪电是一个放电过程。此后，各种飞行器就被用来在不同高度上进行探测。20世纪30年代，无线电遥测技术问世之后，气球探测网络迅猛发展，提供了大量关于大气垂直结构的信息。此外，人们还设计了其他气球探测系统，让气球在对流层或平流层的恒定高度上一次探测数天或数周。自第二次世界大战以来，飞机也被用于气象探测。虽然飞行费用昂贵，而且每次飞行只能持续若干小时，但飞机有效载荷大，可携带精密仪器，能够深入探测云、大气动力过程和污染物，有助于改进天气和气候模型中关键过程的模拟。无人机通常是小型飞机。尽管有越来越多的大型飞行器飞行于空中，但是无人机可能最终会取代载人飞行器。亚轨道火箭长期被用于研究气球和卫星覆盖高度之间的高层大气结构。火箭可以到达很高的高度且运行成本相对低廉，因此探测仪器在装载到卫星上投入使用之前，可在火箭上先行测试。

相关话题

另见
气象站 第88页
卫星 第90页
数据整理 第98页
全球变暖 第112页

3秒钟人物

约翰·杰弗里斯
John Jeffries
1745—1819

出生于美国波士顿的医生、科学家和美国独立战争期间的英军军医；1776年美国独立后，杰弗里斯前往英国，于1784年首次利用气球进行了气象探测。

本文作者

休·科

早期的气球提供了关于大气垂直结构的信息。现在，搭载仪器的飞机和火箭帮助我们增加了对大气柱的了解。

气候模型

30秒探索气候的力量

气候模型使用数学公式表示天气的各种要素（如温度、气压、降雨和风）是如何随时间的推移而变化的。这些公式是通过将地球的大气和海洋划分为数百万个立方体来求解的，每个立方体代表大气圈与海洋表面的不同区域，涵盖整个大气圈与海洋的垂直结构。气候模型多种多样，其复杂程度和立方体的大小各不相同：立方体越小意味着数学计算越复杂。迄今最复杂的气候模型由100多万行代码组成，并在世界最大的超级计算机上运行。随着计算机技术的发展，人们精确模拟天气和气候的能力也在不断提高。然而，完美的气候模型是不存在的，因为所有模型都有赖于近似值，尤其是发生在比立方体更小的尺度上的事件，如云中的天气过程。气候模型主要用于实验，例如，如果一座大型火山喷发或大气中的二氧化碳增加，气候会如何变化？气候模型还可以帮助我们理解和预测诸如厄尔尼诺之类的气候现象。受气候现象的影响，相关地区可能出现什么样的极端天气？

3秒钟事件

气候模型是复杂的计算机程序，旨在模拟地球大气、海洋、冰和地表的物理、化学和生物学过程。

3分钟循环

人们不断测试气候模型，不断将其与气象观测数据进行比对。它们可以重现过去的气候，因此气候学家信心满满，认为它们也可以预测未来。所有气候模型一致表明，气候将持续变暖，因为温室气体进入了大气圈，但是气候学家对变暖的程度持有不同意见。气候模型模拟结果是确定人类活动是近期全球变暖的主要驱动力的证据之一。

相关话题

另见
全球变暖 第112页
极端天气气候事件 第120页
气候预测 第134页

3秒钟人物

刘易斯·弗莱·理查森
Lewis Fry Richardson
1881—1953
英国气象学家，1922年率先提出通过网格计算求解天气方程的想法。

诺曼·A.菲利普斯
Norman A. Phillips
1923—2019
美国气象学家，成功构建大气环流模型的第一人。

本文作者

埃德·霍金斯
Ed Hawkins

在评估各种气候政策时，模拟不同的未来为决策者提供了重要信息。

1931 年 9 月 21 日
出生于日本爱媛县

1958 年
毕业于日本东京大学，获气象学博士学位

1963 年
入职美国国家海洋大气局

1967 年
构建了一个开创性的地球大气圈计算机模型

1975 年
成功构建了大气过程和海洋环流相结合的计算机三维模型

1992 年
获得朝日玻璃基金会颁发的首届蓝色星球奖

1997 年
升任日本全球变化前沿研究中心全球变暖研究项目主任

1997 年
正式从美国国家海洋大气局退休

2002 年
成为美国普林斯顿大学大气和海洋科学高级研究员

2018 年
与苏珊 · 所罗门共同获得瑞典著名的克拉福德地球科学奖

2021 年 10 月 5 日
获得诺贝尔物理学奖

真锅淑郎

SYUKURO MANABE

真锅淑郎是一位颇具开拓精神的科学家。他在20世纪60年代开发了第一个地球大气圈计算机模型，他制作的三维计算机模型揭示了温室气体浓度变化对地表温度产生的重大影响。他被认为是有史以来最具影响力的气候学家之一。

在东京大学学习气象学后，真锅淑郎前往美国，就职于美国国家海洋大气局。真锅淑郎对于当时过于简单的天气预报方法大为失望，为了提高预报的准确性，真锅淑郎开始研发计算机模型。

1967年，真锅淑郎加盟美国国家海洋大气局地球物理流体动力学实验室，在主任约瑟夫·司马格林斯基（Joseph Smagorinsky）的领导下，开发大气热动力学计算机模型。当时计算能力有限，真锅淑郎只能模拟出一个一维大气柱。他发现，大气中的热对流，加上水蒸气和其他气体的吸热特性，足以模拟出我们熟悉的地球大气圈分层。

真锅淑郎通过从模型中移除特定的温室气体进行实验，以更好地了解其影响。他发现，大气中二氧化碳浓度的增加会导致地球表面和对流层温度的上升，但平流层的温度会降低。从模型中完全去除所有的温室气体，可以让模型中的地表温度下降30 ℃——这种影响远远超出了预期。

真锅淑郎在接下来的10年里不断完善和扩展他的计算机模型，最终于1975年构建了他的第一个三维模型。他最重要的贡献之一是创建了一种可以将大气过程与海洋环流结合在一起的计算机模型，从而使预测更加完整，也更接近现实。

尽管随着计算能力的提高，气候模拟已经变得非常复杂，但真锅淑郎的大气-海洋模型仍然是大多数现代气候预测的基础。

克莱尔·阿舍

数据整理

30秒探索气候的力量

我们需要用过去的观测数据来回答有关气候变化的问题，用当前的观测数据来了解会对气候产生重大影响的地球系统过程（例如，天气、洋流、雪和冰盖等的变化）。几个世纪以来，人们一直在观测天气；持续时间最长的仪器记录来自英格兰中部，那里有自1772年以来的每日观测数据和自1659年以来的每月平均值数据。更早的温度和其他气象要素的估计数据可以从代用指标中推断出来，如年轮（过去几千年）或冰芯中的同位素（近100万年）。现在的卫星、气球、雷达、飞机和气象站每天都在收集重要的观测数据。这些观测数据是从许多地方收集来的，而且科学家做了比对，也和模拟数据进行了比对，以便确定误差和观测系统变化（如观测站发生变动，新仪器投入使用，或旧仪器性能下降等）。收集到的数据按观测类型、时间和地点组织成数据集，并附上已知误差和变化的元数据，供世界各地的气候学家进一步分析和解释。

3秒钟事件

数据是认识气候的不可或缺的一部分。无论是对发生在数百万年前的事件所做的推测，还是现代测量方式，从气球探测到先进的卫星探测，都离不开数据。

3分钟循环

数据足够时，计算机模型可用于在观测数据之间进行插值，识别出现误差的位置，并提供比单一数据质量更高的数据集。这种数据同化过程通常用于大气科学，但只有在观测数据的数量和性质没有发生重大变化时，才能用其来了解气候变化，否则观察到的变化可能真正代表的是观测系统的变化，而不是气候的变化。

相关话题

另见

气候模型 第94页

数据管护 第100页

3秒钟人物

戈登·瓦伦丁·曼利

Gordon Valentine Manley

1902—1980

英国气候学家，收集了英格兰中部的月平均温度记录，可追溯到1659年；该记录是世界上历时最长的标准化仪器记录。

本文作者

布赖恩·劳伦斯

Bryan Lawrence

组织成数据集的历史和当前观测数据是了解气候的不可或缺的一部分。

BAROMÈTRE.

Plus grande élévation.		Moindre élévation.		Élévation moyenne.	
Pouc.	*Lign.*	*Pouc.*	*Lign.*	*Pouc.*	*Lign.*
28.	2, 6.	28.	1, 0.	28.	1, 9.
28.	3, 9.	27.	11, 0.	28.	1, 11.
27.	9, 0.	27.	4, 3.	27.	7, 0.
28.	3, 6.	27.	10, 0.	28.	0, 7.
28.	4, 3.	27.	9, 11.	28.	2, 1.
27.	11, 0.	27.	7, 0.	.	. .

数据管护

30秒探索气候的力量

关于气候的信息是通过观察从手写的温度记录到卫星传送而来的数字数据等测量结果的变化来构建的。为了让这些信息能够长期保存下去，我们有必要保存人工记录（如日志、物理样本、数字数据）和元数据（如测温人、测温仪器、测温地点），并确保信息能够安全地存储和保存下去。但是仅仅保存是不够的，还需要有专门的管护者，即负责理解数据和信息，保证其相关性，以便潜在用户能够找到、理解并知道如何获取和应用的人员。书籍和文件一般由图书管理员管护，物理样本由博物馆和专门实验室的专家管护，数字数据同样需要管护。出乎意料的是，数字数据极其脆弱——为了避免因人为错误或硬件故障而意外丢失，通常需要多备几个副本。此外，我们还需要考虑硬件老化和格式过时的问题（存储在旧硬件上或使用过时程序生成的数据会随着计算机或软件的升级而变得难以访问）。海量数据检索与发现工具也至关重要，因为没有这些工具，数字数据就会消失在我们的视野之中。

3秒钟事件

没有积极的管护，数据就会遗失，我们的子孙后代就无法获取历史数据。随着数字数据日益增多，管护问题也变得日益严峻。

3分钟循环

数据管护的一大挑战是，应如何描述数据才能让使用不同检索词的人找到相关信息呢？例如，气象学家可能将一些观测结果记录为“降水”，但潜在用户使用的检索词可能是“雨”“雪”“冰雹”。词汇管理是数据管护的一个重要部分，涉及本体（如术语和它们之间的关系，以复杂表格的方式呈现）开发。

相关话题

另见

数据整理 第98页

本文作者

布赖恩·劳伦斯

归档的数字数据是脆弱的，如果没有专门的管护者的积极管理，许多信息很可能在几年或几十年内就会丢失。

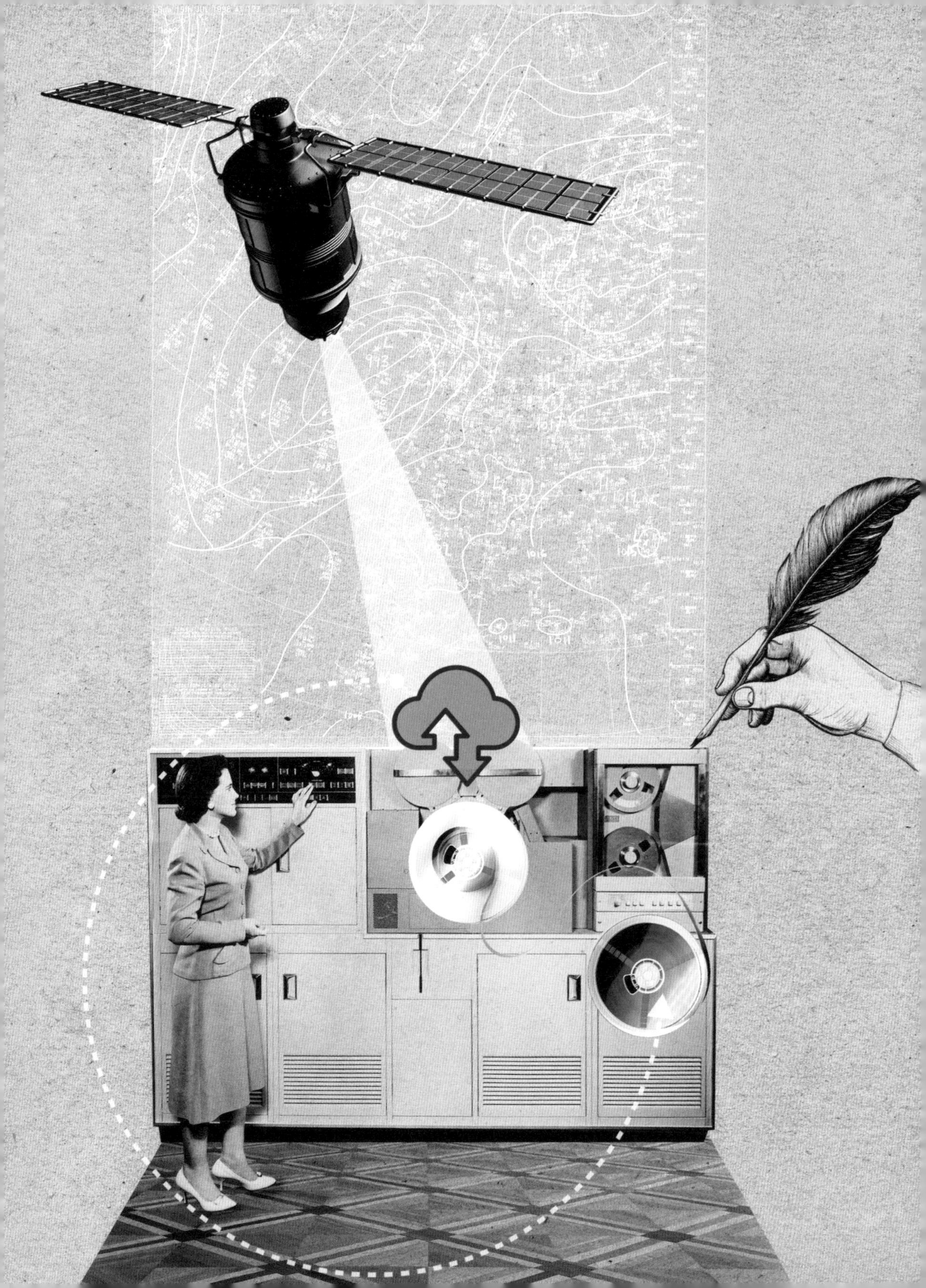

变化中的气候

术语

气候代用指标 代用是指用一种可以测量的特征来估计一个本身无法测量的变量。古气候学家使用冰芯、年轮、孢粉组合和海洋沉积物等气候代用指标来估计过去不同时期的温度，并跟踪大气成分的变化趋势。

绝对海平面 或称平均海平面，是指假设海洋只受地球引力场和离心力影响时，海洋表面的形状。海平面的升与降取决于海洋的体积，它受到海水温度和密度，以及由自然产物或人类工程（如冰川和水库）存储在陆地上的水量的影响。

外强迫 对气候系统有影响但存在于气候系统之外的施动者。对地球气候产生影响的外强迫因子包括太阳活动、地球轨道或太阳系轨道的变化。

大地水准面 表征海洋表面形状的术语，即忽略海水密度、风、洋流和潮汐的影响，只考虑地球引力和自转的影响时，海洋表面的形状。

超级太阳活动极小期和蒙德极小期 太阳活动极小期是指太阳活动周期中太阳最不活跃的时期，也是太阳黑子和太阳耀斑相对较少的时期。当几个连续的太阳活动周期中太阳活动减弱，每个太阳活动周期都以较低的强度进行时，就会出现超级太阳活动极小期。蒙德极小期发生在1645年至1715年之间。在这期间，到达地球的太阳辐射比如今少0.1%左右，地表温度明显较低。见**太阳活动周期**、**太阳黑子**。

地壳均衡 地球地壳和地幔趋于平衡的状态。构造板块漂浮在下面的液态地幔上，从地壳中移除物质，则地壳上升；增加物质，则地壳下沉。

米兰科维奇旋回 地球轨道偏心率、黄赤交角和岁差以数千年至数十万年为时间尺度循环变化，这种现象被称为“米兰科维奇旋回”，它会影响两极之间的温差、两个半球的季节时间和季节的强度。黄赤交角（地轴的倾斜程度）在41000年的周期中从22.1°到24.5°不等，岁差（地轴倾斜的方向）在26000年的周期中变化了整整360°，而偏心率（地球轨道的形状）在10万年的周期中从0（圆形）到1（椭圆形）不等。

辐射强迫 地球从太阳光中吸收的能量和辐射回太空的能量之间的差额。当地球吸收的能量多于辐射回太空的能量时，就意味着有一些能量被大气圈所吸收，进而导致气候变暖，这就是正辐射强迫。辐射强迫可分为自然辐射强迫和人为辐射强迫，前者如火山喷发或太阳辐照度的变化导致的辐射强迫，后者如影响地表反照率或大气成分的工农业生产活动导致的辐射强迫。

相对海平面 海面相对于大陆地壳的高度，即相对海平面，会随着海洋体积的变化或构造板块的运动而发生变化。

雪球地球 一种假说称，大约6.5亿年前，地球的整个表面被冰雪覆盖。在热带地区发现的冰川沉积物为该假说提供了证据，但仍存在争议。有类似的理论称，赤道周围曾存在海冰和开放水域。更早的雪球地球事件被认为发生在24亿至21亿年前。过去的雪球地球事件与光合作用和多细胞生命的突然进化有关。

太阳活动周期 太阳活动以11年为一个周期：从产生极少太阳黑子和太阳耀斑的太阳活动极小期到太阳活动最频繁的太阳活动极大期。

太阳耀斑 由于原子、电子、离子和电磁波通过太阳的日冕射入太空而引起的太阳亮度的突然增加。

太阳辐照度 太阳辐照度是指照射到地球上的太阳电磁辐射量，以单位面积的功率来计算。太阳辐照度的旧称为“太阳常数”。卫星观测显示，在一个太阳活动周期内，太阳辐照度的平均值为1361瓦/米^2，浮动比例约为0.1%。见**太阳活动周期**。

太阳黑子 太阳核心和赤道的自转速度远超其他地方，太阳磁场因此扭曲，太阳黑子也因此产生：太阳表面温度较低处的临时痕迹，通常成对出现，具有相反的磁场极性。太阳黑子直径从16千米到160000千米不等，在太阳表面移动时膨胀和收缩，有时肉眼可见。太阳黑子在太阳活动极大期较为常见，在太阳活动极小期最不常见，其活动周期为11年。

古气候

30秒探索气候的力量

3秒钟事件

古气候学是指利用保存在岩石、沉积物、冰盖、化石等载体中的证据，研究从史前到较近时期的地球气候的学科。

3分钟循环

在过去的200万年里，地球经历了40多个冰期-间冰期循环，冰盖在北半球的大部分地区时进时退。地球轨道的周期性变化改变了太阳光的季节分布和地理分布，使世界进入和退出冰期。来自冰、大气尘埃、水蒸气、二氧化碳、甲烷和海洋环流的正反馈都放大了轨道摄动，形成了强烈的气候反应。

古气候代用指标，如化石、孢粉组合、年轮和地球化学记录，使我们对史前气候条件有了深入的了解。这些代用指标可以追溯到地球历史早期以及最近的几个世纪和几千年。在过去的43亿年里，尽管地球经历了冷暖交替的时期，包括“雪球地球”时期（地球表面完全被冰雪覆盖），但是地球气候一直很稳定，足以维系生命。作为恒星演化的一部分，太阳正在缓慢地增加能量输出。40亿年前，我们的星球接收到的太阳辐射比今天少大约30%。尽管当时太阳辐射很弱，但由于大气中的二氧化碳浓度很高，当时地球的温度相对稳定。随着可进行光合作用的植物在地球上生根发芽，大气中的大部分二氧化碳被氧气所取代，温室效应减弱，抵消了太阳辐照度增加的部分。火山活动和风化反应也使大气中的二氧化碳浓度在地质时间尺度上发生了变化，而其他影响因素，如大陆构造、太阳辐射、地球轨道、大气中的气溶胶和地球上的冰雪数量等的变化，都会影响气候的变化。古气候记录可以帮助我们了解气候系统的敏感性：地球气候如何对边界条件的改变做出反应。

相关话题

另见

火山喷发对气候的影响
第110页
气候强迫因子与辐射强迫
第116页

3秒钟人物

米卢廷·米兰科维奇
Milutin Milanković
1879—1958

塞尔维亚裔南斯拉夫数学家、天文学家，于1914年解释了地球轨道的变化是如何导致冰期-间冰期循环的；现在人们普遍承认，“米兰科维奇旋回”开启了冰期研究的先河。

切萨雷·埃米利亚尼
Cesare Emiliani
1922—1995

意大利地质学家，被认为是古海洋学创始人，他研究了深海沉积物岩心的碳酸盐壳中的氧同位素，并留下了多个关于冰期-间冰期循环的详细记录。

本文作者

肖恩·马歇尔

在自然和人类的影响下，地球气候在一系列时间尺度上不断变化。

太阳对气候的影响

30秒探索气候的力量

我们的气候系统是由太阳发射到地球的能量驱动的，该能量会随着地球轨道的变化和太阳辐射的变化而变化。地球轨道周期很长，有几万年、几十万年几个不同的周期，而太阳的能量输出可能每几秒就会发生变化，也可能几百万年才发生变化。太阳活动的表现指标包括太阳黑子、磁场强度、太阳耀斑以及太阳辐射等。这些指标往往会同时发生变化，比如，太阳黑子多，说明太阳辐射略有增加。太阳活动的11年周期说证明了这一点。偶尔，太阳会进入太阳活动极小期，这是一个太阳活动特别不活跃的时期，连续几十年都不会出现太阳黑子。其中一个例子是蒙德极小期（1645年至1715年），当时到达地球的太阳辐射比现在少约0.1%，与此相关，地球表面的平均温度可能比如今低0.1 ℃，区域影响则更加明显。有证据表明，在太阳活动不活跃时，中纬度地区的风暴轨迹略微向赤道移动，西欧的冬天更加寒冷，温度远低于历史平均水平。

3秒钟事件

太阳活动和太阳辐射的增强可能导致地球表面平均温度的小幅度变化，区域影响则更加明显。

3分钟循环

太阳越活跃，其表面被太阳黑子覆盖的区域发出的辐射越少，但周围区域发出的辐射越多，从而导致辐射总体增加。这种辐射的增加主要表现在太阳光谱中的紫外线部分，因此在地球上，这种影响在大气圈中较高的圈层、吸收紫外线辐射较多的地方较为明显。

相关话题

另见
古气候 第106页
全球变暖 第112页

3秒钟人物

威廉·赫歇尔
William Herschel
1738—1822
德裔英国天文学家、音乐家，因发现天王星和红外辐射而受到追崇，也因研究太阳黑子和小麦产量之间的关系而受到嘲笑。

杰克·埃迪
Jack Eddy
1931—2009
美国天文学家，阐明了太阳活动与地球表面温度之间的关系。

本文作者

乔安娜·D.黑格
Joanna D.Haigh

以太阳黑子稀少为标志的太阳活动极小期，对目前不断上升的温室气体浓度造成的全球变暖并无多大的补偿意义。

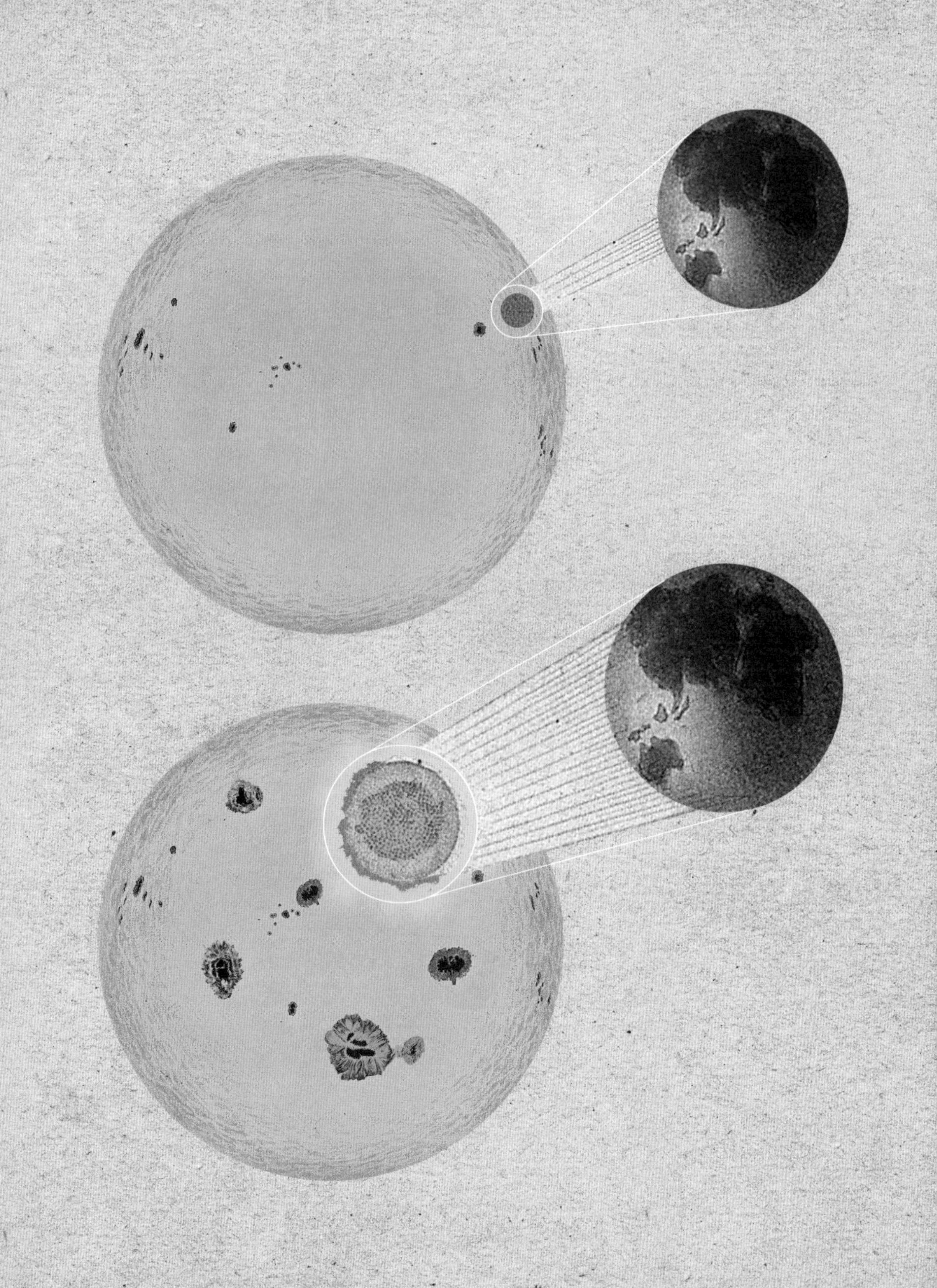

火山喷发对气候的影响

30秒探索气候的力量

火山喷发是迫使气候系统发生变化的主要自然因素之一，其影响可能延续数十年，也可能长达数个世纪。释放到平流层的二氧化硫气体发生化学反应，产生硫酸小液滴（气溶胶），将阳光散射回太空，使地球表面温度下降不足1 ℃，这种现象通常会持续2～3年，直到气溶胶沉降到低层大气并被冲刷干净为止。近期对气候产生了重大影响的火山喷发都集中在东南亚，包括坦博拉火山喷发（1815年）、喀拉喀托火山喷发（1883年）和皮纳图博火山喷发（1991年）等。坦博拉火山喷发后，乌云蔽日，“一整年都看不到夏天”，世界各地暴雨成灾、庄稼歉收、饥荒频发。热带火山喷发释放出大量硫酸，影响很大，因为大气环流会迅速将气溶胶散布到全球各地。火山喷发产生的灰烬即刻就会对当地温度产生影响，但持续时间不长，往往白天降温，晚上升温。然而，相对于对火山山麓的土地（公元79年，庞贝古城被维苏威火山喷射出的火山灰和泥浆淹没）和航空旅行（2010年冰岛的埃亚菲亚德拉冰盖火山喷发，导致当地航班中断了6天）的影响而言，火山灰对气候的影响大可忽略不计。

3秒钟事件

火山喷发时把大量的硫酸液滴喷射进了高层大气中，将阳光散射回太空。火山喷发后的降温过程可能会持续数年。

3分钟循环

在大气圈刚刚形成之初，火山喷发出的二氧化碳像披在地球上的一条热毯。在现代，火山喷发出的二氧化碳与人类活动排放的二氧化碳相比可谓“小巫见大巫”，但持续喷发的火山（西西里岛的埃特纳火山就是一例）和零星喷发的火山（如墨西哥的波波卡特佩特火山）对目前大气中存在的二氧化硫气体的贡献率约为10%。

相关话题

另见
全球大气环流 第16页
气候强迫因子与辐射强迫 第116页
地球工程 第148页

3秒钟人物

本杰明·富兰克林
Benjamin Franklin
1706—1790
美国政治家、科学家，是最早提出火山喷发会影响气候的科学家之一。

休伯特·兰姆
Hubert Lamb
1913—1997
英国气候学家，提出热带火山喷发可能会削弱大气环流，而中、高纬度地区的火山喷发则会加强大气环流。

本文作者

埃莉·海伍德

火山喷发产生的硫酸液滴和尘埃会减弱太阳辐射，让地球降温数月甚至数年。

全球变暖

30秒探索气候的力量

存在于地球大气圈中的某些气体会吸收地表发射的红外辐射，阻止红外辐射散逸到太空中，从而让地球持续保温。这种保温效应是由温室气体造成的，温室气体主要包括二氧化碳、甲烷和水蒸气等。如果这些气体能够保持自然水平，那就可以确保地球表面的平均温度是舒适的14 ℃，而不是冰冷的－20 ℃。然而，自工业革命以来的人类活动，特别是燃烧化石燃料和砍伐森林，提高了大气中的温室气体水平，使地球进一步变暖。由于温室气体在低层大气中拦截了更多的红外辐射，温室效应增强后也留下了“指纹”：低层大气变暖，高层大气变冷。这从卫星探测记录中可见一斑。自19世纪中叶以来，地球表面平均温度提高了约1 ℃，但相比之下，陆地增温幅度大于海洋，北极地区大于其他地区。大气圈温度上升导致了冰川和海冰融化。海洋变暖导致海水膨胀，海平面上升。海洋还吸收了一些额外的二氧化碳，使海水酸性增强。

3秒钟事件

大气中温室气体水平不断上升导致地球变暖，并带来毁灭性的后果：极端天气增多、海平面上升等。

3分钟循环

气候变暖需要人类、所有其他生物和生态系统去适应。低洼地区面临着被步步紧逼的海洋淹没的危险，愈加频繁的暴雨和极端热浪给一些地方的居民带来挑战。如果可能，物种必须迁移，以寻找适合生存和繁衍的地区。几乎每个国家都认识到了这些潜在风险，并打算在未来几十年内大幅减少温室气体排放。

相关话题

另见
热辐射与温室效应 第38页
碳循环 第80页
盖伊·斯图尔特·卡伦德 第114页
迈向零碳 第136页

3秒钟人物

约瑟夫·傅里叶
Joseph Fourier
1768—1830
法国数学家，提出用“温室效应”理论解释地球温度变化的第一人。

斯万特·阿伦尼乌斯
Svante Arrhenius
1859—1927
瑞典化学家，于1896年率先估算出地球表面因二氧化碳浓度上升而变暖的程度。

本文作者

埃德·霍金斯

全球变暖的证据是无可辩驳的，温度上升将影响到地球上所有的生命。

1898 年 2 月 9 日
出生于加拿大蒙特利尔

1899 年
举家搬迁至英国伦敦

1915 年
在其父亲就职的位于伦敦的帝国理工学院实验室担任助手

1919 年
在伦敦城市与行会学院学习数学和机械学

1922 年
进入帝国理工学院物理系工作；在帝国理工学院期间，同时为英国电气和联合工业研究协会工作

1929 年
参加了在伦敦举行的国际蒸汽会议

1938 年
发表他的第一篇关于全球温度和大气中二氧化碳浓度之间的关系的论文

1942 年
搬到西萨塞克斯郡霍舍姆，担任国防工程师

1958 年
退休

1964 年 10 月 30 日
于英国霍舍姆去世

盖伊·斯图尔特·卡伦德

GUY STEWART CALLENDAR

人类活动导致气候变化的第一个证据来自英国业余气候学家盖伊·斯图尔特·卡伦德的精心测算。卡伦德是一名蒸汽工程师，他利用业余时间整理了全球温度和大气中二氧化碳浓度的测算数据，并率先证明了全球气候变暖与人为温室气体排放有直接关系。他的发现后来被称为“卡伦德效应”。

卡伦德从小在伦敦长大，1922年毕业于伦敦城市与行会学院。随后，他在英国电气和联合工业研究协会担任蒸汽工程师，业余从事气候学研究。在第二次世界大战期间，他参与了研发工作，并帮助英国皇家空军开发了机场除雾系统。1942年，他搬到了西萨塞克斯郡霍舍姆，在兰赫斯特的一个秘密研究机构从事国防工程项目研究。

1938年，卡伦德在《皇家气象学会季刊》发表论文，公开了其研究成果。他的数据显示：在过去40年里，全球温度呈上升趋势，这与20世纪大气中二氧化碳浓度的增加有关。然而，卡伦德对此并不担心。他当时认为，全球温度上升可能是有益的，因为这可以防止另一个冰期的出现，而且有利于北半球的作物生长。

卡伦德的研究建立在约翰·丁达尔（见第36页）和斯万特·阿伦尼乌斯的研究的基础之上。前者在19世纪60年代指出：大气中的水蒸气会吸收热辐射，从而产生温室效应。后者在19世纪90年代发表的论文中对大气中二氧化碳对全球表面温度的影响做出了估计。然而，人们很难相信人类可以影响像地球气候这样强大的东西。也许是因为卡伦德缺乏科学研究的相关资质，他的研究成果在当时并没有引起科学界的重视。

虽然卡伦德的研究在他生前遭到了质疑，但他直到1964年去世时仍对自己的研究成果充满信心，而且令人惊叹的是，尽管他的测算是手写的，但与复杂的现代测算方法相比，居然同样精确。

克莱尔·阿舍

气候强迫因子与辐射强迫

30秒探索气候的力量

地球吸收的太阳辐射和发射回太空的红外辐射之间应保持平衡，任何扰乱这种平衡的因素都会引起气候变化。因此，太阳辐照度增大、地球反照率减小和大气的红外辐射吸收能力增强都可能导致全球变暖，变冷则来自相反的变化。自然强迫因子主要包括太阳辐射的变化和火山喷发，人为强迫因子主要表现在增加温室气体浓度使地球变暖，另外还有几个重要的强迫因子既可能让地球变暖，也可能让地球变冷。工农业生产过程中排放到大气中的颗粒物（例如，来自燃煤发电厂的硫酸盐颗粒或来自退化农田的灰尘）可以使行星反照率增大或减小。土地利用发生变化也有影响，例如，砍伐森林会导致森林吸收的二氧化碳变少，进而导致气候变暖；土地反射太阳辐射的能力更强，因此开荒之后裸露的土地会导致降温。在没有任何气候响应的情况下，大气圈顶部的某个因子导致的不平衡被称为“辐射强迫”。科学家可以比较不同因子的强度，也可以估计各种人类活动对气候的影响。

3秒钟事件

地球气候反映了地球吸收的太阳辐射和发射回太空的红外辐射之间的微妙平衡。任何扰乱这种平衡的因素都可能影响全球温度。

3分钟循环

强迫因子除了对地球辐射平衡产生直接影响外，还可以通过化学或物理过程产生间接影响。例如，排放到低层大气中的甲烷参与化学反应，导致其自身和其他温室气体的浓度增加。颗粒物为水蒸气的凝结提供了场所，云滴的数量也因此成倍增加。这既可以使行星反照率增大，也可以使大气吸收的红外辐射增加。

相关话题

另见
太阳对气候的影响 第108页
火山喷发对气候的影响 第110页
全球变暖 第112页

3秒钟人物

吉姆·汉森
Jim Hansen
1941—
美国气候物理学家，其研究增进了人类对辐射强迫和多种强迫因子对气候的影响的理解。

本文作者

乔安娜·D.黑格

大气圈中的辐射流受到颗粒物和气体的存在以及地表性质的影响。

气候敏感度

30秒探索气候的力量

当自然或人为因素破坏了地球吸收的入射太阳辐射和发射到太空的红外辐射之间的平衡，产生辐射强迫时，地球的气候就会发生变化。气候敏感度可以说明气候系统对这种强迫做出的反应的大小。当气候系统达到平衡态时，大气中二氧化碳浓度加倍引起的辐射强迫所产生的全球平均温度变化，称为平衡态气候敏感度。我们还可以利用气候敏感度按比例估计气候系统对任意辐射强迫做出的温度变化响应。自19世纪60年代以来，人们就知道二氧化碳能吸收热量。如果气体浓度是唯一的变量，那么就可以根据给定的增量直接估算出气候变暖的程度。然而，物理过程（对气候变化做出的反馈）可以修正二氧化碳浓度增加带来的直接影响，进而也增加了温度变化估算工作的难度。例如，湿度、云和冰的变化会影响辐射的吸收和散射。人们使用了各种测量指标（例如，二氧化碳浓度和地表温度）和模型来估算气候敏感度。每种方法都可以计算出近似值，因此数值范围很广。目前，平衡态气候敏感度的最佳估计值为3 ℃，范围为2.5 ℃～4 ℃。

3秒钟事件

地球辐射收支发生变化之后，会使全球平均温度产生直接的、成比例的变化，这种变化幅度被称为“气候敏感度”。

3分钟循环

温室气体浓度发生变化时，地球为应对这种变化做出的调整是非常缓慢的。平衡态气候敏感度提供了一种衡量温度变化的方法，这种温度变化可能会持续两个多世纪。相比之下，瞬态气候响应是指大气中二氧化碳浓度增加一倍时全球平均温度的变化，它与我们在未来一个世纪可能观测到的温度变化有更直接的关系。

相关话题

另见
地球辐射平衡 第32页
气候模型 第94页
气候强迫因子与辐射强迫 第116页

3秒钟人物

加布里埃莱 · 黑格尔
Gabriele Hegerl
1962—
德国气候学家，提出了估算气候敏感度的新方法。

本文作者

乔安娜 · D.黑格

了解地表温度对大气中温室气体增加的反应是理解气候变化的基础。

°C
°F
50
40
30
20
10
0
10
20
30
120
100
80
60
40
20
0
20

极端天气气候事件

30秒探索气候的力量

在探讨气候问题时，我们一般考虑的是平均数，但我们也明白这些数值存在自然变化。例如，在某个特定地点的某个特定时间，日平均温度可能是15 ℃，但反季节性的冷天或热天的温度可能会比这个平均温度低上几摄氏度或高上几摄氏度。极端值可以通过过去温度的时间分布来界定，比如极端值只会在某个季节或某年中的一小部分时间里出现。还有其他许多界定的方式，比如一年中最潮湿的一天或风速超过某个阈值的一天。气候变化可能会影响极端天气气候事件的发生：随着全球变暖，极寒事件不再频繁发生，但极热事件却日益增多；由于大气湿度的增加，大暴雨事件可能会越发严重，但由于降雨模式的改变，旷日持久的干燥期和干旱期也会随之出现。正是由于罕见，极端天气气候事件才无规律可循，难以预测。例如，预测陆上热带气旋的未来变化就是摆在气候学家面前的前沿问题。

3秒钟事件

在气候方面，与某一特定地点和时间的正常天气或气候相比，极端天气气候事件是很罕见的。

3分钟循环

人们通常以“重现期”来描述极端天气气候事件的发生概率。2010年，热浪席卷俄罗斯，造成5万人死亡。套用这一概念来说，这是一个“千年一遇”的事件。这当然不是说我们可以保证这样的事件每千年才会发生一次，这只是一种表示发生概率的方式。如果我们考虑到未来几十年气候会发生重大变化，那么使用“重现期”这一说法是很有问题的。

相关话题

另见
云与风暴 第54页
气候模型 第94页
全球变暖 第112页

3秒钟人物

弗朗西斯·兹维尔斯
Francis Zwiers
1951—
加拿大气候学家，专门从事极端天气气候事件研究，将统计学方法用于分析观测到的和模拟的气候变异与变化。

佩内洛普·惠顿
Penelope Whetton
1958—2019
澳大利亚气候学家，认为干旱、火灾和沙尘暴的发生概率与气候变化有关。

本文作者

马特·科林斯

极端天气气候事件是罕见的、不可预测的，其影响至为深远。

海平面

30秒探索气候的力量

全球海平面是测量陆地海拔、飞机和卫星高度、海洋和其他水体深度的基准单位。海平面是在海洋与地球的离心力和引力场达到平衡时产生的等势面（大地水准面）。海平面随时间波动，主要取决于海水的密度和陆地上的湖泊、水库、冰川、冰盖及地下水蓄水层的储水量。冷盐水密度大、体积小，而全球变暖导致海水温度升高、盐度变小，加上冰川和冰盖的融化导致海水的体积变大，海平面因此上升。自1900年以来，全球平均海平面上升了0.2米，目前正以每年略高于0.003米的速度上升，其中大约一半是由热膨胀引起的，一半是由冰川和冰盖的退缩引起的。这些过程也会起反作用；在末次冰盛期，全球平均海平面比现今低约125米。由于板块运动的作用，海盆的体积也在地质时间尺度上发生变化，造成海平面的长期波动。

3秒钟事件

海平面指的是海洋表面的平均高度。相对而言，全球各地的海平面均不相等。

3分钟循环

全球各地的海平面之差不超过2米，受到气压、风、潮汐、洋流、水柱的密度结构、区域引力和地球自转的影响。海平面上升的速度也受到这些因素的影响，以及板块运动造成的局部地壳运动、等高回弹和地下水水位下降的影响。但从局部来看，相对海平面变化趋势可能与全球平均海平面有很大的不同。

相关话题

另见

全球海洋环流 第18页
冰川与冰盖 第64页
古气候 第106页

3秒钟人物

约翰内斯·胡德
Johannes Hudde
1628—1704
曾任阿姆斯特丹市市长，率先发起现代海平面测量行动（从1700年起几乎从未中断过）。

安德斯·摄尔西斯
Anders Celsius
1701—1744
瑞典物理学家，因提出温标而闻名，是最早观察到瑞典相对海平面下降的科学家之一，他据此推测海水正在蒸发，但事实上，原因是地壳均衡回弹。

本文作者

肖恩·马歇尔

海平面上升可能是未来几十年内气候变化对人类社会最大的影响之一。

海洋酸度

30秒探索气候的力量

虽然海水呈电中性，但海洋呈弱碱性，海水中的强正离子（如钠离子和钙离子）比强负离子（如氯离子）略多，又被弱负离子（如碳酸氢根离子和碳酸根离子）所平衡。这些弱负离子是由溶解的二氧化碳连续电离形成的，这使得海水的酸度趋于稳定，或pH值维持在8左右。所有这些二氧化碳衍生物被统称为溶解无机碳。溶解无机碳浓度影响碳酸盐体系的电离程度，从而影响海洋酸度。碱度（强正离子超出强负离子的量）对此也有影响，所以溶解无机碳浓度、碱度和pH值之间关系密切。温度也影响特定溶解无机碳浓度下的电离量，生物过程（光合作用和呼吸作用）影响溶解无机碳浓度和碱度。无机过程也会影响碱度。无机过程包括碳酸钙的形成和溶解：碳酸钙是许多海洋生物的外壳和骨架的组成成分。当海洋酸度上升时，碳酸钙会溶解。因此，海洋酸度的变化是由所有这些过程之间复杂的相互作用造成的。

3秒钟事件

海洋在自然状态下呈弱碱性，表层海水平均pH值约为8.2，但由于温度和其中溶解的二氧化碳的变化，其pH值会有微小的变化（上下浮动0.3以内）。

3分钟循环

海洋活动的主要动力是温度和生物活动。温度会影响特定二氧化碳浓度下的pH值，也会影响二氧化碳的溶解度。生物活动会影响二氧化碳浓度：光合作用会消耗二氧化碳，使酸度降低，呼吸作用则会使二氧化碳增加，酸度上升。在深海中，随着下沉的有机物的分解，二氧化碳浓度上升，酸度随之上升。当深海水域的海水通过循环从大西洋来到北太平洋时，这种影响就更大了。在北太平洋，海水的pH值降到最低，约为7.3。

相关话题

另见

全球海洋环流 第18页

3秒钟人物

罗杰·雷维尔

Roger Revelle

1909—1991

美国科学家，最早研究人类活动引起的全球变暖的科学家之一；“雷维尔系数”正是以他的名字命名的，该系数用于衡量海洋表层吸收大气中的二氧化碳时受到的阻力。

本文作者

约翰·谢泼德

自工业革命以来，大气中二氧化碳的增加导致海洋表层海水的pH值上升了约0.1。显而易见的结果是珊瑚白化，以及一些海洋生物的外壳和骨架受损。

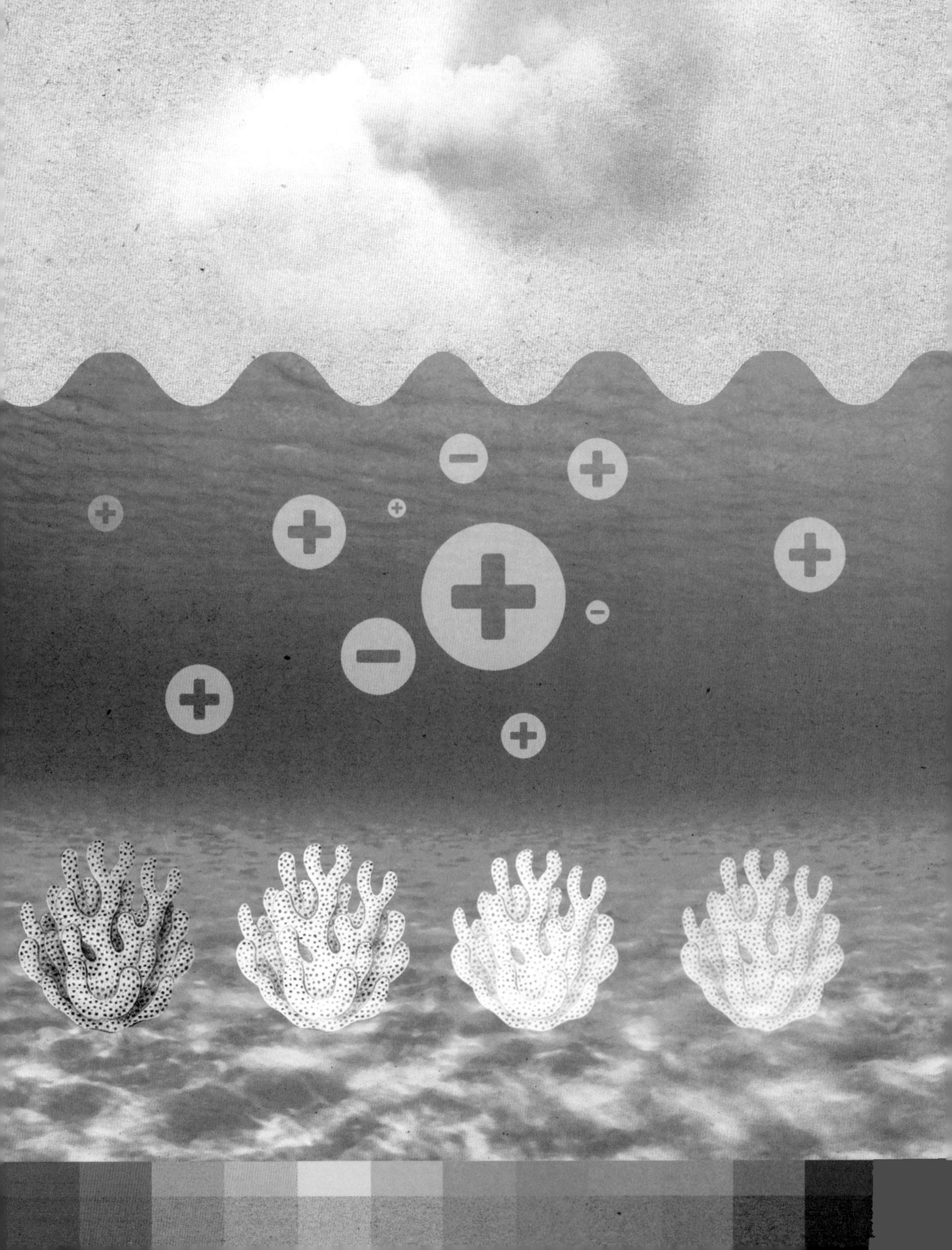

对自然系统的影响

30秒探索气候的力量

全球变暖导致冰川和冰盖融化，改变了水文循环，这增加了地球上液态水的总量，而海洋越大则意味着蒸发量、云量、降雨量越大。气候还会影响年降雨周期，进而影响到淡水的供给和季节性洪水的严重程度。动植物根据温度和降雨量的季节性变化来开展交配和迁徙等活动，而气候变化正在改变这些重要事件的发生时间。有些动物能够改变自身的行为，以适应不断变化的环境，有些动物则落在了后面。有互惠关系的物种，如果其中一个物种可以更快地适应气候变化，那么物种之间的互惠关系将不复存在。气候变化和其他人类活动影响了地球不同组成部分（生物体、河流和海洋、土壤和空气）之间营养物质的流动。化肥释放到环境中的氮和磷等营养物质会对自然系统产生影响：氮会加剧河流的酸化程度，并可能助力藻类大量繁殖，从而耗尽水中的氧气。气候变化甚至可能影响地质活动。在某些地区（例如冰岛），融化的冰川减轻了休眠火山上的重压，火山活动因此更加频繁。

3秒钟事件

气候变化对地球的自然系统产生了深刻而普遍的影响，包括生物体、生态系统、能源、水和营养循环等都受其影响。

3分钟循环

气候一直影响着地球上的生物和非生物。例如，大约3亿年前，由于大气中氧气浓度较高，无脊椎动物进化成了庞然大物；10万年前，在高温和季风的影响下，如今的撒哈拉沙漠和内夫得沙漠是草木繁茂的河谷；大约12000年前，在地球结束一个冰期后，冰雪融水淹没了北大西洋，阻止了暖水向北输送，使气候重新进入小冰期。

相关话题

另见

温度循环：昼夜循环与季节循环 第44页
水文循环 第50页
生物圈 第70页

3秒钟人物

罗伯特·马香
Robert Marsham
1708—1797
英国自然学家，物候学（研究季节对动植物行为影响的学科）开创者。

艾萨克·赫尔德
Isaac Held
1948—
美国气象学家，研究全球变暖对全球降雨模式的影响。

本文作者

克莱尔·阿舍

变化中的气候和天气循环会对自然事件（如年度迁徙）产生重大影响。

对人类系统的影响

30秒探索气候的力量

全球变暖将改变天气系统，对基础设施、电线、农场和工厂等人类系统产生深远的影响。气候变化在地理上分布不均，一些地区会经历频繁的干旱，另一些地区则会遭遇严重的洪灾侵袭。海平面上升有可能让一些小岛屿从此消失，也可能淹没许多大城市，包括上海和纽约等。在气候变化的大背景下，由于温差过大，道路和管道可能会崩裂，增加维护成本。飓风和海啸等极端天气气候事件预计会变得更加频繁，可能摧毁重要的基础设施。天气过热也将降低人们从事劳动密集型制造业和农业的能力，从而增加工厂的劳动力成本和食品生产成本，降低生产效率。在极热条件下进行的生产制造需要更多的水来降温。农业生产可能会遭遇更频繁的干旱，融雪会使淡水供给不足，咸水会污染地下水，所有这些都会让农业灌溉变得更加困难。植物也将改变其生长方式：温度升高，光合效率提高，对水的需求就更大了。

3秒钟事件

气候变化可能影响人类文明的方方面面：农业、制造业、基础设施、医疗保健、人口迁移等。

3分钟循环

全球变暖会给人类健康带来许多直接影响，热浪、自然灾害等的影响可能是致命的。此外，全球变暖还会带来更多间接影响，如为携带疟疾的蚊子提供更多合适的栖息地、导致作物产量减少等。全球变暖还会导致数以百万计的人流离失所；为了争夺资源，暴力冲突频发；贫困人口持续增多；社会不公问题日益严重。这一切又与日益恶化的公共健康状况息息相关。

相关话题

另见
气候类型 第20页
温度循环：昼夜循环与季节循环 第44页
云与风暴 第54页

3秒钟人物

苏妮塔·纳拉因
Sunita Narain
1961—
印度环保主义者，印度科学与环境中心主任，贫困社区环境正义先驱。

本文作者

克莱尔·阿舍

全球变暖将对农业产生重大影响，较为干燥的地区受到的影响尤其大。

未来 ◑

术语

（行星）反照率 反照率衡量的是照射到一个物体的总太阳辐射被反射回去的比例，其区间为0到1。行星反照率指的是一个星球的上层大气的平均反照率。地球的行星反照率为30%到35%，且深受云层影响。

C40 C40城市气候领导联盟是一个由90多个世界大城市组成的组织，致力于应对气候变化。这些城市总人口6.5亿多人，经济体量占全球经济的四分之一。该城市联盟专注于应对气候变化，推动城市变革，以减少温室气体排放和与气候变化相关的风险，同时改善卫生、增进福祉并创造经济机会。

碳足迹 一个人、族群、企业或产品的碳足迹是其一生或生命周期中排放的所有二氧化碳及其他温室气体的总和，以二氧化碳当量表示。总的碳足迹包括所有温室气体的源、汇和存储。

热网 又名“区域供热”，即使用绝缘管道的分配系统，将热量从一个中央源头输送到千家万户或非家庭建筑。热网是减少与供暖有关的碳排放的最具成本效益的方法之一。更大、联通性更好的网络甚至更有效率。热网可以用来减少工业加热和冷却过程中的温室气体排放，或者从运河、河流或废品工厂回收工业和家庭废热。

负排放技术 将二氧化碳或其他温室气体从大气中移除并长期存储的技术称为“负排放技术”。如果全球排放没有得到充分的缓解，这种技术可能成为最大限度地减缓气候变化的关键。这方面的例子包括直接从空气中捕集温室气体并进行存储，海洋石灰化（用石灰石来增加海洋的碳吸收能力），以及植树造林（人工造林，增加光合作用吸收的碳）。

核裂变 在核化学中，当一个原子的原子核分裂成多个较小的原子核，产生自由中子、伽马光子和巨大能量时，就会发生裂变。核裂变可以因放射性衰变而自发发生，也可以在核反应堆中由人工引发。核裂变在1938年由奥托·哈恩（Otto Hahn）和他的助手弗里茨·斯特拉斯曼（Fritz Strassmann）首次发现。

核聚变 与核裂变相反，在核聚变中，两个或多个原子核结合成一个更大的原子核。在这个过程中，原子核的一些原始质量作为能量被释放出来。

《巴黎协定》 2015年通过的《巴黎协定》是《联合国气候变化框架公约》下的一项协定，随后近200个缔约方签署了该协定。对于本国应对减缓全球气候变化所做的贡献，每个缔约方都会自行决定、规划和管控，并定期报告排放和减排战略。

辐射强迫 地球从太阳光中吸收的能量和辐射回太空的能量之间的差额。当地球吸收的能量多于辐射的能量时，就意味着有一些能量被大气圈所吸收，进而导致气候变暖，这就是正辐射强迫。辐射强迫可分为自然辐射强迫和人为辐射强迫，前者如火山喷发或太阳辐照度的变化导致的辐射强迫，后者如影响地表反照率或大气成分的工农业生产活动导致的辐射强迫。

可再生能源 可再生能源是指那些能够随时从自然界得到补充的能源，人类可以无限期地使用这些能源。它们包括太阳能、风能、水能和地热能等，可用于发电、加热或冷却空气和水。

气候预测

30秒探索气候的力量

如何应对不断变化的气候，取决于我们对未来天气和气候条件的预测，最常见的方法就是用气候模型进行模拟。通常情况下，人们会做出各种预测，每种预测都会用到不同的气候模型，都会对未来政策选择做出不同的预判，例如，温室气体排放继续迅速增加或者急剧减少。有的预测是针对下一个季节的，有的是针对几个世纪之后的，而且涉及气候的方方面面，如海平面上升、降雨模式的改变、海冰如何变化等。人们往往会把来自不同气候模型的独立预测综合起来，得出一系列可能的结果。由于气候变化对每个地区的影响不同，这些预测会被用来确定各种要素，如基础设施、不同的人群以及他们周围的生态系统所面临的风险。这些风险包括海岸地区被淹没、极端高温胁迫和珊瑚白化等。越来越多的预测被用于地方决策，例如新防洪系统应该建多高，哪种作物最适合种植在哪个特定地区等。

3秒钟事件

预测世界各地气候的目的在于为政策制定者提供必要的证据，以便他们评估与未来气候相关的风险，并做出选择。

3分钟循环

自20世纪70年代以来，科学家一直在开展气候预测。随着时间的推移，人们所使用的模型的复杂程度已经远非当初可以比拟。事实证明，早期的预测在预测变暖程度和温度变化的空间模式方面是相当准确的。人们曾经预测陆地升温比海洋快，北极地区升温最快，实际观测结果也是如此。政府间气候变化专门委员会自1988年成立以来，定期发布报告，总结最新预测及其影响。

相关话题

另见
气候模型 第94页
海平面 第122页
政府间气候变化专门委员会 第146页
国际合作 第150页

3秒钟人物

威廉 · D.塞勒斯
William D. Sellers
1928—2014
美国气候建模先驱；开发了一个全球能量平衡模型，并预测了二氧化碳浓度变化的影响。

朱莉娅 · 斯林戈
Julia Slingo
1950—
英国气候学家，阐明了热带云在季节性和十年际气候预测中的作用。

本文作者

埃德 · 霍金斯

人们曾经预测的气候变化带来的影响（海冰消失、海平面上升、温度升高等）现在已经变成事实。

迈向零碳

30秒探索气候的力量

3秒钟事件

为了使人类对气候的影响趋于稳定，温室气体排放应尽快减少到零，甚至是净负值，这样才能将增温控制在目标范围内。

3分钟循环

建模工具可用于寻找以最低社会成本实现零碳经济的途径。尽快将这些低碳方案融入经济发展中是关键，否则转型成本将增加。拖延也会导致大气中的累积温室气体增加，这意味着我们甚至可能需要开发和应用从大气中清除温室气体的技术（负排放技术）来稳定气候。

据预测，全球温室气体排放在未来10年内将持续增加。然而，为了实现减缓全球气候变化的目标，我们最迟需要在21世纪下半叶实现净零排放。政府间气候变化专门委员会的2014年报告将温室气体排放细分如下：大约25%来自电力和热力生产，25%来自农业和其他土地利用，20%来自工业，15%来自交通，其余来自建筑（6%）和其他能源（10%）。电力生产和农业活动的排放强度正在下降，但废物处理和其他行业活动的情况并非如此。人口在增长，对温室气体密集型商品以及水泥、钢铁和航空服务等的需求还在增加。能源和建筑部门已经掌握的低碳或零碳技术急需普及。供暖、制冷和运输等服务的电气化是至关重要的。热量密集程度很高的工业应用应该将化石燃料和碳捕集与封存结合起来，以实现零碳排放，直到替代技术出现。实现零碳目标包括减少二氧化碳以外的温室气体（如甲烷）的排放。

相关话题

另见

气候模型 第94页
全球变暖 第112页
国际合作 第150页

3秒钟人物

科琳娜·勒凯雷
Corinne Le Quéré
1966—

法裔加拿大气候学家，增进了人类对碳收支和气候变化与碳循环之间联系的理解。

本文作者

阿莉莎·吉尔伯特
Alyssa Gilbert

有效利用能源和农产品对实现零碳排放至关重要。

能源生产

30秒探索气候的力量

无论是取暖、运输，还是发电，人类的基本活动都需要能源。在过去一个世纪中，大多数能源来自化石燃料，其中的碳以二氧化碳的形成被释放到大气中。使用化石燃料会造成空气和水污染、健康问题、全球变暖和土地退化等——这些都是改变能源生产、实现零碳排放的迫切原因。实现零碳目标有三个主要途径：可再生能源、核能以及碳捕集与封存。利用可再生能源（例如水能、风能、太阳能和波浪能等）发电时不排放二氧化碳（施工期间另当别论）。生物能源（以生物质为载体）是一种可再生燃料，但我们必须注意其来源。树木在生长过程中会吸收大气中的二氧化碳，所以森林被毁也是导致全球变暖的一个主要原因。碳捕集与封存（例如，在将二氧化碳存储在地下之前，先在发电厂安装专门设计的过滤器）加上生物能源，可以成为从大气中清除多余的二氧化碳的重要技术。所有这些技术都将在未来的能源生产中发挥重要作用。不过，科学家、政治家和业界对于每种技术的确切占比还争论不休。

3秒钟事件

为了实现零碳排放，我们大部分的能源生产需要使用化石燃料（煤炭、石油和天然气）之外的能源。

3分钟循环

在过去两个世纪里，利用化石燃料进行能源生产改变了社会，为工业革命提供了动力，使数百万人摆脱了贫困。然而，它也极大地影响了我们周围的世界以及我们与之互动的方式。我们需要仔细研究应如何生产和使用能源，以确保我们和子孙后代都能过上可持续的和富足的生活。

相关话题

另见

迈向零碳 第136页
核电 第140页
能源传输与存储 第142页
能源消费 第144页

3秒钟人物

亚历山大-埃德蒙·贝克雷尔
Alexandre-Edmond Becquerel
1820—1891

法国物理学家，在其父亲的实验室中首次发现电流可由光产生。

查尔斯·弗朗西斯·布拉什
Charles Francis Brush
1849—1929

美国工程师，发明了为其位于克利夫兰的豪宅供电的风力涡轮机。

本文作者

谢里登·菲尤
Sheridan Few

可再生能源、核能以及碳捕集与封存是实现零碳排放的三个主要途径。

核电

30秒探索气候的力量

3秒钟事件

商业核电是从核裂变中获取电力的一种低碳能源生产解决方案。

3分钟循环

核电的潜力绝不仅限于电网去碳化，因为下一代核电具备直接生产氢气和高质量工业热的潜力，可以支持工业去碳化。放眼未来50年，未来技术可能包括燃烧回收的旧燃料和开发具有商业价值的核聚变反应堆。

爱因斯坦的方程$E=mc^2$是核裂变的核心。核裂变目前用于核能发电，其原理是铀原子裂变后会释放亚原子粒子的结合能。核燃料在反应堆堆芯中“燃烧”以产生热量，并通过蒸汽涡轮机系统发电。在全球范围内，核电约占总供电量的11%，而且核电是一种低碳电力来源，在制定气候变化缓解政策时应予以考虑，因为核电站的运行不释放二氧化碳，其使用期限内的二氧化碳当量排放量与风力发电相当。考虑到核电的经济性，首选应该是以兆瓦为单位的大型反应堆，但无论是从建造时间还是每座核电厂的绝对成本来看，建造大型反应堆都很困难。反应堆建成后，全年以92%的容量系数运行，使常规核电在经济上非常适合提供持续的全天候电力，并对缓解气候变化做出长期（40～100年）的稳定贡献。有些核电厂也可以按需发电，目前法国就是这样利用核电的。归根结底，原子的能量密度非常高。我们可以这样估算一下，如果一个人一生中所消费的能源都由核能产生，其产生的废物只相当于一罐330毫升的饮料罐大小。

相关话题

另见
迈向零碳 第136页
能源生产 第138页
能源消费 第144页

3秒钟人物

玛丽·居里
Marie Curie
1867—1934
波兰化学家、物理学家，与丈夫皮埃尔一起发现了放射性材料。

莉泽·迈特纳
Lise Meitner
1878—1968
奥地利裔瑞典物理学家，发现铀在吸收额外中子后会发生核裂变。

恩利克·费米
Enrico Fermi
1901—1954
意大利裔美国物理学家，领导团队创造了第一座自给自足的人造反应堆——芝加哥一号堆。

本文作者

本·布里顿
Ben Britton

核能作为清洁能源，可支持一个低碳的世界。

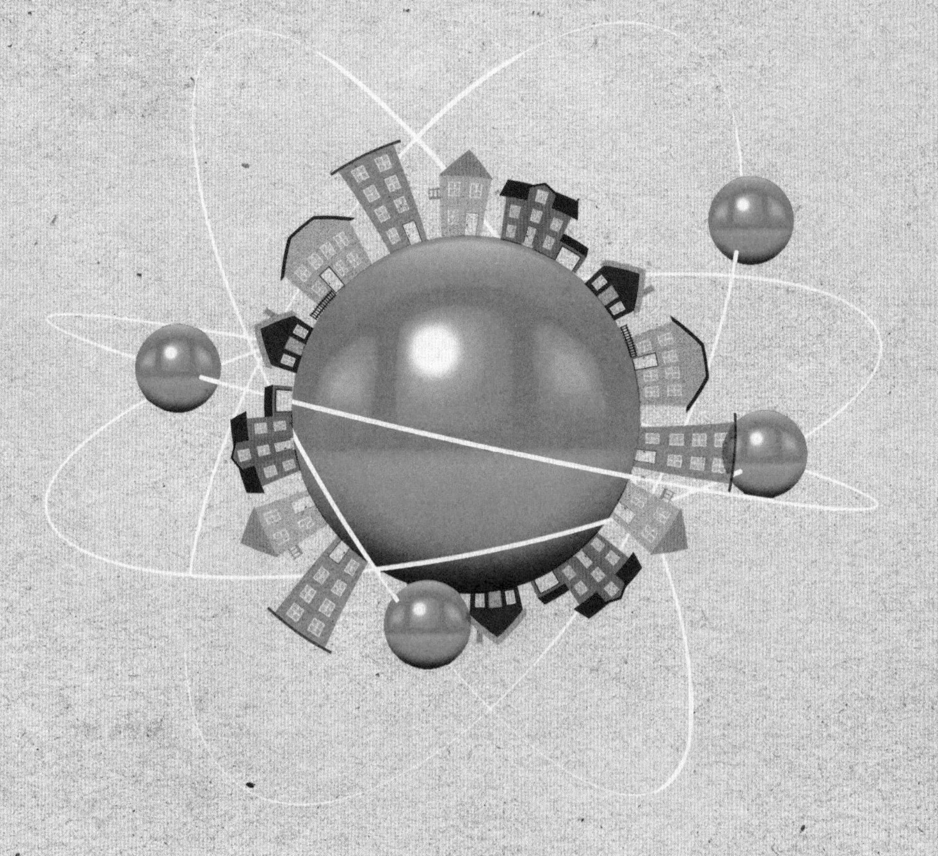

能源传输与存储

30秒探索气候的力量

历史上，我们的大部分能源是在我们需要的时候生产的。大型煤炭、石油和天然气发电厂可调整其输出以满足我们的电力需求；在火炉或锅炉中燃烧燃料，满足我们的热能需求；在汽车中燃烧燃料，满足我们的运输需求。然而，随着我们越来越依赖可变可再生能源，如太阳能和风能（分别只能在阳光普照和有风的日子发电），以及其他能源如核能（时关时开并不经济），要确保总是有足够的能源来满足需求是颇具挑战性的。一种办法是：在能源过剩时存储能源，在能源过少时释放能源。人类一贯善于寻找存储能源的方法：以化学形式存储在电池中；利用地球引力，将水从较低的地方抽到较高的水库或湖泊中；使用加速飞轮，以热能形式存储在大型储水设备中；通过压缩地下洞穴中的空气储能等。所有这些方法在未来的能源系统中可能会变得越来越重要。我们传输能源的方式也将发生变化。随着家庭发电日益普及，我们会发现国家电网将以与设计者最初设想相反的方向传输能源，而天然气管道最终可能用来输送氢气等潜在的可再生燃料。

3秒钟事件

随着能源供应模式的转变，我们将不再局限于传统化石燃料，我们传输和存储能源的方式将发生巨大的变化。

3分钟循环

迄今为止，常见的能源收费方式是“按量计费”。这对于像天然气这样的燃料来说是合情合理的，因为天然气一直存储于管道之中，需要时才会用到，但是对于电力来说就不是这样的，因为电力一旦产生就得使用。随着电力生产朝着可变发电方向发展，我们可能会进入一个新阶段，即有朝一日“量”变得不重要，重要的是“何时何地使用能源”。

相关话题

另见

迈向零碳 第136页
能源生产 第138页
核电 第140页
能源消费 第144页

3秒钟人物

路易吉·加尔维尼
Luigi Galvini
1737—1798
意大利科学家，在用铜钩和铁质手术刀解剖青蛙时偶然发现了电池的科学原理。

亚历山德罗·伏打
Alessandro Volta
1745—1827
意大利科学家，制成第一个伏打电堆。他推翻了电力只能由生物产生的理论。

本文作者

谢里登·菲尤

传输和存储有助于平衡可变可再生能源的供应与需求。

能源消费

30秒探索气候的力量

怎么强调能源消费方式的改变对实现气候目标的重要性都不为过。普及低功率、高效率的设备（例如，LED灯和电视）至关重要。电动汽车（有时使用氢气和植物燃料）将运输系统转变为由电力驱动，这使我们能够使用来自可再生能源的低碳电力为运输系统提供动力，而不再依赖化石燃料。自动驾驶或无人驾驶汽车的发展有望推广“即用即到”型共享汽车来减少汽车数量。供暖和制冷是两个最大的能源汇，可利用工业废热的高效热泵和区域供暖也将是至关重要的技术。许多重要且有效的措施其实是技术含量低、成本相对低的措施：隔热和通风是公认的成熟技术，可有效降低热能需求。同样，多吃新鲜的本地蔬菜和谷物，减少红肉和乳制品摄入，可以大大减少个人的碳足迹，因为饲养家禽、冷冻、运输、扩建农场、砍伐森林会消费大量能源。

3秒钟事件

高科技高效设备、电动汽车和热泵是减少我们的碳足迹的重要技术，低科技隔热技术和膳食的改变同样不可或缺。

3分钟循环

从历史上看，能源消费、温室气体排放和经济发展一直是齐头并进的。过去几年，随着清洁技术的推广，温室气体排放量已经有所下降。然而，即使我们在发展经济的同时迅速减少排放，我们仍会对所有生命赖以生存的土地、空气和水产生影响。另外，我们要如何在一个资源有限的星球上保持可持续的经济增长？这些问题依然存在。

相关话题

另见

迈向零碳 第136页
能源生产 第138页
核电 第140页
能源传输与存储 第142页

3秒钟人物

卡尔·德莱斯
Karl Drais
1785—1851
德国发明家，第一辆广为流行的自行车就是他发明的；当时的自行车又称“脚踏车”“马形道具”“行器”。

查尔斯·科里登·霍尔
Charles Corydon Hall
1860—1935
美国化学工程师，开发了用石灰石生产低技术含量绝缘材料“岩棉”的技术。

本文作者

谢里登·菲尤

减少碳足迹的小小举动可以大大减少我们对环境的影响。

1988 年
世界气象组织和联合国环境规划署联合成立了政府间气候变化专门委员会——第一个国际公认的应对气候变化问题的权威机构

1990 年
发布第一次评估报告

1992 年
制定《联合国气候变化框架公约》，为应对气候变化提供政策和法律框架

1995 年
发布第二次评估报告

1998 年
《京都议定书》开放签署

2000 年
发布关于温室气体和二氧化硫排放的特别报告

2001 年
发布第三次评估报告

2007 年
发布第四次评估报告

2007 年 12 月
获得诺贝尔和平奖

2014 年
发布第五次评估报告

2015 年
《联合国气候变化框架公约》缔约方大会通过《巴黎协定》，由缔约方共同签署

2017 年
美国宣布将退出《巴黎协定》

2021 年 8 月到 2022 年 4 月
三个工作组先后发布第六次评估报告

政府间气候变化专门委员会

IPCC

为了了解和应对气候变化造成的威胁，国际社会于1988年合作建立了政府间气候变化专门委员会（IPCC）。IPCC关注人类活动导致的气候变化带来的科学、技术和社会经济风险，负责整理、评估和总结已公布的数据，并撰写评估报告。通过与气候学家和来自缔约方的代表协商，IPCC对不同情况下的环境和经济影响进行评估，并向政策制定者提出建议。IPCC下设三个工作组，第一工作组：评估气候系统和气候变化的科学问题；第二工作组：评估社会经济体系和自然系统面对气候变化时表现出的脆弱性；第三工作组：评估限制温室气体排放并减缓气候变化的选择方案。

IPCC第一次报告得出结论：温室气体，如二氧化碳、甲烷和氟氯化碳的排放正在增加，而且这些气体在大气中的浓度预计会放大温室效应。该报告预测在21世纪，全球平均温度每10年将上升0.3 ℃。该报告是于1992年通过的《联合国气候变化框架公约》的基础，该公约为应对气候变化提供了政策和法律框架。

IPCC第五次报告得出结论：大气中的温室气体浓度已经达到了地球上80多万年未见的水平，如果不减少排放，全球平均温度将上升1.5 ℃以上，这将改变全球水循环并导致海平面上升。

2015年，《联合国气候变化框架公约》缔约方大会通过谈判达成了《巴黎协定》，以协调应对气候变化的威胁，并将21世纪的全球平均温度上升控制在工业化前水平之上的2 ℃以内。该协定于2020年生效，允许各缔约方自行制定目标，采取行动并汇报对减缓气候变化所做出的贡献。

克莱尔 · 阿舍

地球工程

30秒探索气候的力量

地球工程有两大类：太阳辐射管理，其目的是通过将更多的阳光反射回太空帮助地球表面降温；二氧化碳清除，即降低大气中的二氧化碳浓度。就气候变化而言，太阳辐射管理只能“治标”，而二氧化碳清除则可“治本”。太阳辐射管理方法包括向高层大气注入小型气溶胶颗粒，或在低层大气中注入额外的云凝结核，以增加行星反照率。这类方法奏效快且成本相对较低，但会在两种对立的人为辐射强迫（温室效应和减少日照）之间制造一种人为的、潜在的微妙平衡。此外，这类方法还得维持几个世纪——只要大气中还有温室气体，就得一直维持这种做法，因为如果干预措施淘汰得太快，就会加速气候变化，而且这类方法不会直接减缓海洋酸化。二氧化碳清除方法类似于减少二氧化碳排放，人们普遍看好这类方法，因为尽管这类方法见效非常缓慢，但可以使大部分的气候系统恢复到类似从前的自然状态。可能的方法包括（通过地理工程）从环境空气中直接捕集二氧化碳、植树造林、土壤碳富集、海洋施肥和增强陆上或海中玄武岩等基本岩石的风化。

3秒钟事件

地球工程是指有计划地对地球气候系统进行大规模干预，其目的通常是应对人类活动导致的气候变化，特别是全球变暖。

3分钟循环

对于任何一种可能的地球工程技术的实用性或可能产生的副作用，我们还缺乏足够的信息，所以现在思考它们在不久的将来的用途还为时过早。一些方法涉及向环境释放某种物质，而对气候，特别是降雨模式的预期和非预期影响都会涉及许多或所有国家和地区。因此，部署地球工程本身会有国际影响，需要尽早进行全方位思考。

相关话题

另见

热辐射与温室效应 第38页
全球变暖 第112页
气候强迫因子与辐射强迫 第116页
海洋酸度 第124页

3秒钟人物

保罗·约瑟夫·克鲁岑
Paul Jozef Crutzen
1933—2021
荷兰大气化学家，因其在臭氧消耗方面的研究而闻名；普及了“人类世”一词，即人类活动对地球产生重大影响的时代。

本文作者

约翰·谢泼德

大多数地球工程方法的效果和环境影响都是不确定的，而且不同方法的效果和影响天差地别，还有一些二氧化碳清除方法很可能耗资巨大。

国际合作

30秒探索气候的力量

气候变化是全球性问题。科学家需要通力合作，加深我们对气候科学的理解，跨越国界，共享设施和数据。这些数据包括来自卫星和其他平台、实验室和监测设施的冰芯记录、海平面和温度观测记录等。所有国家都会排放温室气体，都会对我们共同的气候系统产生影响，因此，为了真正取得实效，国际社会需要通过协调努力来采取行动。1992年通过的《联合国气候变化框架公约》是全球气候变化行动谈判的核心基础。《巴黎协定》于2015年通过并有近200个缔约方在2016年签署。就缔约方数量和签署速度而言，该协定在联合国协定中是独一无二的。该协定内容包括：各国承诺减少温室气体排放，制订计划以适应气候变化，并为最贫穷和最脆弱的国家提供支持。各座城市也在共同努力，通过C40等联盟分享减排经验。C40是一个由90多个世界城市组成的网络，致力于创造更清洁的环境。企业和非政府组织也有合作平台，可以在气候变化行动方面进行跨国合作。

3秒钟事件

国际合作对于推动气候科学的发展至关重要，同时我们也要采取全球合作行动应对气候变化：找出原因，减少影响。

3分钟循环

界定各国在应对气候变化方面所需采取的行动一直争议颇多。在以往的国际协定中，较发达的国家同意设立严格的减排目标，其他国家因考虑到发展需要而不设立目标。在《巴黎协定》中，所有国家，无论其发展状况如何，都承认绿色增长的潜力和吸引力，因此都做出了承诺。较富裕的国家还承诺每年提供1000亿美元以支持较贫穷国家。

相关话题

另见
全球变暖 第112页
政府间气候变化专门委员会 第146页

3秒钟人物

克里斯蒂安娜·菲格雷斯
Christiana Figueres
1956—
哥斯达黎加外交官，《联合国气候变化框架公约》执行秘书，2015年《巴黎协定》条款谈判中的关键人物。

科科·瓦尔纳
Koko Warner
2001年获博士学位
就职于《联合国气候变化框架公约》气候秘书处，气候变化对全球最贫困社区的影响问题专家，政府间气候变化专门委员会第五次评估报告主笔之一。

本文作者

阿莉莎·吉尔伯特

全球合作和协作是应对气候变化的核心。

附录

参考资源

书籍

Atmospheric and Oceanic Fluid Dynamics: Fundamentals and Large-Scale Circulation
Geoffrey K. Vallis
(Cambridge University Press, 2017)

Dynamical Climatology
John N. Rayner
(Blackwell Publishing, 2000)

Environmental Hydrology
Vijay Singh (ed.)
See ch. 4, ‘Understanding river hydrology’,
B. L. Finlayson and T. A. McMahon
(Kluwer Academic, 1995)

Global Physical Climatology
Dennis Hartman
(Academic Press; 1st edn, 1994)

Global Warming: Understanding the Forecast
David Archer
(John Wiley & Sons; 2nd edn, 2011)

Introduction to Circulating Atmospheres
Ian N. James
(Cambridge Atmospheric and Space Science series, Cambridge University Press, 1994)

Introduction to Weather and Climate Science
Jonathan E. Martin
(Cognella, Inc., 2014)

Princeton Primers in Climate series
(Princeton University Press, ongoing since 2010), *includes:*
Atmosphere, Clouds and Climate David Randall
Climate and Ecosystems David Schimel
Climate and Oceans Geoffrey K. Vallis
The Cryosphere Shawn J. Marshall
The Global Carbon Cycle David Marshall
Paleoclimate Michael L. Bender
The Sun’s Influence on Climate Joanna D. Haigh and Peter Cargill

Sustainable Energy Without the Hot Air
David MacKay
(Green Books, 2008)

Water Resources Planning and Management
R. Quentin Grafton and Karen Hussey (eds)
See ch. 2, ‘Understanding global hydrology’, B. L. Finlayson, M. C. Peel and T. A. McMahon
(Cambridge University Press, 2011)

期刊文章

Few. S., Schmidt O. and Gambhir A. (2016) ‘Electrical energy storage for mitigating climate change’, Grantham Institute for Climate Change Briefing Paper 20

Finlayson, B. (2010) ‘Hydrology: An introduction’, GWF Discussion Paper 1002, Global Water Forum, Canberra, Australia
www.globalwaterforum.org/2010/09/28/hydrology-an-introduction/

Graven, H. (2016). ‘The carbon cycle in a changing climate’, *Physics Today* 69 (11), 48
https://physicstoday.scitation.org/doi/10.1063/PT.3.3365

Kummu, Matti and Varis, Olli (2010) ‘The world by latitudes: A global analysis of human population, development level and environment across the north - south axis over the past half century’, *Applied Geography* 31, 495 - 507

网站与应用程序

Australian Bureau of Meteorology
澳大利亚气象局官方网站

AVOID 2
信息可视化应用程序

C40
C40官方网站

Carbon Brief
碳简报，一个有关英国气候政策的网站

CSIRO (Commonwealth Scientific and Industrial Research Organisation)
澳大利亚联邦科学与工业研究组织官方网站

European Climate Foundation
欧洲气候基金会官方网站

Global Carbon Project
全球碳项目官方网站

Grantham Institute - Climate Change and Environment
格兰瑟姆研究所气候变化与环境官方网站

IAEA (International Atomic Energy Agency)
国际原子能机构官方网站

IIASA (International Institute for Applied Systems Analysis)
国际应用系统分析研究所官方网站

IIED (International Institute for Environment and Development)
国际环境与发展研究所官方网站

IPCC (Intergovernmental Panel on Climate Change)
政府间气候变化专门委员会官方网站

Lancaster Environment Centre
英国兰卡斯特环境中心官方网站

Met Office Hadley Centre
英国气象局哈得来中心官方网站

NASA (National Aeronautics and Space Administration)
美国国家航空航天局官方网站

New Climate Institute
德国气候研究智库新气候研究所官方网站

NOAA (National Oceanic and Atmospheric Administration)
美国国家海洋大气局官方网站

NSIDC (National Snow and Ice Data Center)
美国国家冰雪数据中心官方网站

Potsdam Institute for Climate Impact Research
德国波茨坦气候影响研究所官方网站

Tyndall Centre for Climate Change Research
英国廷德尔气候变化研究中心官方网站

WHO (World Health Organization)
世界卫生组织官方网站

WMO (World Meteorological Organization)
世界气象组织官方网站

WWF (Worldwide Fund for Nature)
世界自然基金会官方网站

编者简介

主编

乔安娜·D. 黑格 大英帝国司令勋章得主、英国皇家学会会员，大气物理学教授，曾任帝国理工学院格兰瑟姆研究所（气候变化与环境）联合主任。她自孩提时代起便痴迷于天气，之后也幸运地走上了气象学研究的道路。专攻领域：太阳辐射和热辐射与大气圈的相互作用、气候变化物理学。

前言

苏珊·所罗门 英国皇家学会外籍会员，现为马萨诸塞州剑桥市麻省理工学院大气科学教授、美国国家科学院院士。国际公认的大气科学领袖，曾任美国国家南极洲臭氧考察队队长。她斩获荣誉无数，是1999年国家科学奖章（美国最高科学荣誉）、法国科学院大奖章（法国科学院最高奖项）得主，并且因其对气候变化研究的重大贡献，与普林斯顿大学气候学家真锅淑郎共同荣获克拉福德地球科学奖。她是美国国家科学院、法国科学院、欧洲科学院院士和英国皇家学会会员。

参编

克莱尔·阿舍 一位具有生态学和进化学背景的科学传播者。利兹大学遗传学、生态学与进化学博士，多年来一直从事科学方面的专业写作。

本·布里顿 现为帝国理工学院高级讲师、核工程中心副主任。牛津大学材料学博士，专注于探索金属性能、开发其高价值工程应用价值。在帝国理工学院，此项研究仍在持续，现在新增了一个研究领域——“核燃料包壳材料”。

马特·科林斯 现为埃克塞特大学气候变化研究员。科林斯教授的研究兴趣是利用全球气候模型了解气候可变性和变化物理学。

休·科 现为曼彻斯特大学大气成分学教授。他带领着一支庞大的科研团队，专注于研发测量气溶胶颗粒物理和化学性质的仪器，利用这些仪器在地面和空中平台进行实地测量，并对数据进行解读，以量化重要的过程并制约空气质量和区域气候模型模拟。他曾主持过不计其数的大型野外实验，例如研究亚马孙河上空的生物质燃烧和恒河流域上空的灰尘与气溶胶污染物。2014年，休·科教授被评为汤森路透100位地球科学领域高被引研究人员之一。

谢里登·菲尤 现为帝国理工学院副研究员。菲尤博士在2015年获得了有机太阳能电池物理学博士学位，此后他一直在用计算机模型探索我们需要对能源系统进行的改善，以缓解气候变化，并适应可变可再生能源的使用。

布赖恩·芬利森 现为墨尔本大学地理学院首席研究员。30年来，他在英国和澳大利亚教授地貌学、水文学和气候学，并曾在西班牙、中国、南非和老挝工作。他与政府机构、企业和社区分享他在水管理的环境方面的专业知识。他最新的研究重点是中国长江的水文学。

阿莉莎·吉尔伯特 现为帝国理工学院格兰瑟姆研究所（气候变化与环境）政策与翻译主管。她是环境咨询专家，专门研究气候变化和能源政策，以前是伦敦副市长研究顾问，也是在布鲁塞尔从事环境政策工作的记者。

希瑟·格雷文 现为帝国理工学院物理学讲师、加州大学圣迭戈分校斯克里普斯海洋研究所博士。她的研究重点是全球碳循环及其对人类活动和气候变化的反应。

休·格里姆蒙德 现为雷丁大学城市气象学教授。她主持一项创新研究计划，旨在了解地表（森林、湿地、雪和城市等）对边界层和水文气候过程的影响。目前正致力于发展城市天气和气候服务。

埃德·霍金斯 现为雷丁大学气候学教授，也是政府间气候变化专门委员会第六次评估报告主笔之一。他的研究重点是了解过去的气候变化，预测未来数十年的气候变化。霍金斯教授因别出心裁，对气候变化进行了数据可视化处理，并在2016年里约热内卢夏季奥运会开幕式上展示“气候螺旋”而荣获英国皇家气象学会首届气候科学传播奖。

埃莉·海伍德 现为雷丁大学气象学系气候物理学教授，也是雷丁大学多样性和包容性团队主管。埃莉在曼彻斯特大学获得物理学学士学位后，考入雷丁大学攻读博士学位，此后一直在雷丁大学工作。她的研究兴趣涉及大气颗粒物（气溶胶）在气候和气候变化中的作用，曾领导过两次国际气象飞行考察活动，探测气溶胶特性，并主持全球气候模型研究项目。该项目对撒哈拉尘埃、火山和来自人类活动的气溶胶等进行了研究。海伍德教授已发表60多篇期刊文章，也热爱撰写科普文章并与媒体合作。她于2016年至2018年任英国皇家气象学会主席。

布赖恩·劳伦斯 现就职于雷丁大学，是英国国家大气科学中心模型和数据部主任。他的学术生涯从雷达和卫星数据开始，而后扩展到气候建模。劳伦斯教授在数据管护以及气候学等方面著述颇丰。

约翰·马香 现为利兹大学和英国国家大气科学中心副教授，也是water@leeds的成员。他的研究领域涉及天气、气候和气候变化中的湿对流（云和风暴）。马香博士对热带、亚热带、季风和沙漠系统特别感兴趣。

肖恩·马歇尔 现为加拿大艾伯塔省卡尔加里大学冰川学家、加拿大气候变化首席研究员。马歇尔博士的主要研究领域包括：加拿大落基山脉、加拿大北极地区、冰岛、格陵兰的冰冻圈-气候过程和冰川对气候变化的反应。

约翰·谢泼德 大英帝国司令勋章得主、英国皇家学会外籍会员，现为南安普顿大学国家海洋中心地球系统科学荣誉教授，也是该中心的第一任主任。过去他的研究领域包括大气边界层中污染物的运输、深海中示踪剂的扩散、海洋中放射性废物处置的评估和控制、海洋鱼类资源的评估和管理，以及最近的地球系统建模和气候变化。目前他的研究兴趣包括气候系统的自然可变性、开发气候系统简化模型（作为了解过去气候变化的工具）。他曾主持过若干近海石油和天然气正式停用项目的独立审查工作，并且是人造建筑对生态系统的影响（influence of man-made structures in the ecosystem，INSITE）项目科学顾问委员会和墨西哥湾研究倡议研究委员会成员。

基思·夏因 英国皇家学会外籍会员，雷丁大学第一位气象学和气候学注册教授。他在帝国理工学院开始他的大学生活，学习物理学。在过去30多年的时间里，他一直在雷丁大学任教并主持研究工作。夏因教授曾为政府间气候变化专门委员会评估报告撰稿，他于2009年当选为英国皇家学会外籍会员。

蒂姆·伍林斯 现为牛津大学物理气候学副教授。他的工作集中在中纬度急流和风暴轨道的活动上：如何更好地预测每周和每年的情况，以及它们将如何应对温室气体强迫的增加。政府间气候变化专门委员会第五次气候变化评估报告中有三章是他撰写的。

致谢

出版社要感谢以下单位和人士允许转载受版权保护的资料。

除非注明，所有出现在合成图中的图片都来自**Shutterstock, Inc.**。

Alamy/Jörg Reuther 61BG /Ton Koene 61BG

Biodiversity Heritage Library 61C, 71C, 73C, 81, 107BG, 107C, 125C, 127T, 129TL, 145CR

Photo courtesy of the G.S. Callendar Archive,University of East Anglia 114

Brian Finlayson, Tom McMahon and Murray Peel (vectorization by Ali Zifan) 9

Flickr/Smithsonian Institution 36

Getty Images/ Universal Images Group 55C/Jim Sugar 96 /SSPL 99C, 101BG

Goddard Space Flight Center 35C

Ed Hawkins 135 (global temperature guide)

Library of Congress 39C, 75C, 79BG / Dorothea Lange 116

Missouri Botanical Gardens 61BL
NASA 63BG, 91C, 91CR, 91CL, 91CT, 93TR/JPL–Caltech 119B, 121C

NOAA 57TC, 93C, 93TL

NSIDC (National Snow and Ice Data Center) 63C

Österreichische Nationalbibliothek 65C, 111C

Jeff Schmaltz, MODIS Rapid Response Team 61BG Science Photo Library/Mikkel Juul Jensen 149C

Svetozar Marković University Library, Belgrade 22

US Department of Energy 143CR

Wellcome Collection 21C, 35C, 43C, 45C 63BR, 93C, 109, 111C, 111BG, 116BC, 139BC, 143C

Wikimedia Commons/xfi 25C /CC Attribution–SA 3.0 /Cacophony 27BC / Lucas VB 35C /National Library of Norway 58 /National Science Foundation 82 / Creative Commons CC BY 2.0 / Presidencia de la Rep ú blica Mexicana 146–7 /US Patent 1, 857, 585 99BR